孩子自控心理学

李　岩◎著

台海出版社

图书在版编目（CIP）数据

孩子自控心理学 / 李岩著 . -- 北京：台海出版社，
2021.8
ISBN 978-7-5168-3037-6

Ⅰ. ①孩… Ⅱ. ①李… Ⅲ. ①自我控制—儿童读物
Ⅳ. ① B842.6-49
中国版本图书馆 CIP 数据核字（2021）第 114993 号

孩子自控心理学

著　　者：李　岩

出 版 人：蔡　旭　　　　　　　　　　封面设计：华业文创

责任编辑：曹任云

出版发行：台海出版社

地　　址：北京市东城区景山东街 20 号　　邮政编码：100009

电　　话：010-64041652（发行，邮购）

传　　真：010-84045799（总编室）

网　　址：www.taimeng.org.cn/thcbs/default.htm

E-m a i l：thcbs@126.com

经　　销：全国各地新华书店

印　　刷：三河市华润印刷有限公司

本书如有破损、缺页、装订错误，请与本社联系调换

开	本：710 毫米 × 1000 毫米	1/16	
字	数：200 千字	印	张：14
版	次：2021 年 8 月第 1 版	印	次：2021 年 8 月第 1 次印刷
书	号：ISBN 978-7-5168-3037-6		

定　　价：48.00 元

"不写作业，父慈子孝；一写作业，鸡飞狗跳。"互联网上这个搞笑好玩的段子背后，实际上隐藏着无数父母的"泣血"心声。

"孩子做作业不爱思考，每次教孩子学东西我都崩溃发飙，每次都要做心理调整，告诉自己一定要冷静不要发火，耐心、耐心，最后还是大人叫，孩子哭。我也想哭啊，辅导作业太难了，谁试谁知道。"

"去医院检查，发现心脏有频发室性早搏，医生说要保持心情愉悦，不能发火。我想来想去只有给孩子辅导作业这种场景下我比较容易发火。四年小学辅导下来，都'工伤'了……"

"陪写作业，老师让十分钟做完五十道十以内的加减法，包括写名字，结果三分钟过去了，他还在把名字写了擦，擦了写，想吼硬是憋着，快内伤了。"

…………

现今，儿童因写作业问题被批评、训斥，甚至直接离家出走的情况屡见不鲜；父母因辅导孩子动辄发火，甚至引发家庭矛盾、出现身体健康隐患也很常见……

为什么让孩子写作业这么难？为什么孩子一写作业就开始各种闹，一会儿要喝水，一会儿削铅笔，一会儿又要上厕所，磨磨蹭蹭……

要想彻底解决辅导孩子写作业这一难题，我们必须透过现象看本质。实际上，"写作业"这一"难题"的本质是孩子缺乏自控力。

家庭教育的目的，从来都不是为了单纯让孩子学会做哪一道题，最重要的是让孩子学会自我管理。一个有自控力的孩子，他明白什么时间应该做什么事情，内心有自己的做事节奏，不必父母监督，也能很好地完成学习任务。

早在 20 世纪 60 年代，美国斯坦福大学的心理学教授米歇尔就通过棉花糖实验，得出了一个结论：自控力强的孩子更容易获得成功。

当时，米歇尔教授招募了 600 多名三岁至六岁的孩子作为志愿者参与实验。研究人员把孩子们带入一个房间，并给每个孩子发了一块棉花糖，米歇尔告诉孩子们："每个人都有一颗棉花糖，我有事要离开十五分钟，等我回来，没有把糖吃掉的孩子，可以得到一块糖作为奖励，但如果你把糖吃掉了，那就什么奖励都没有了。"

接着，所有实验人员都离开了，房间里只剩下这些孩子，有的孩子在门被关上的瞬间就把棉花糖放进了嘴里；有的孩子想得到奖励，忍耐了两三分钟，还是忍不住棉花糖的诱惑，把糖吃掉了；还有一些孩子，为了抵挡糖果的诱惑，或趴在桌子上假装睡觉，或一直唱歌来分散自己的注意力，他们等了十五分钟，成功获得了自己想要的奖励。

此后，米歇尔带领自己的研究团队，对这些孩子进行了长达几十年的追踪，结果发现：那些能够获得奖励的孩子，意志力更强，也更有耐心，表现在学业上，学习成绩更好，能获得更高的学位，他们的抗压能力也优于其他孩子，更少出现诸如犯罪、吸毒等问题。

自控力对于孩子的影响是长达一生的，让孩子管好自己，父母才能省心。正如《战国策·触龙说赵太后》中所写："父母之爱子，则为之计深远。"世界这么大，诱惑这么多，身为父母，不能陪伴孩子一生，不如让他们拥有让其过好一生的能力。

今天的许多孩子，在"写作业"的问题上出现的种种负面现象，实际上都是自控力缺乏的表现。那么，这些孩子们的自控力为什么会这么差呢？

究其本质，与父母"哄骗式"的教育是分不开的。

"乖乖把饭吃了就出去玩"，"只要把作业写完就可以玩游戏"，"你在家乖乖听话，等妈妈回来给你买麦当劳"……

这是不少家庭中常用的"安抚"孩子大法，那么，你给孩子的每一个承诺，是否真正兑现了呢？"曾子杀猪"的故事，相信大家并不陌生，父母对待孩子一定要言而有信，哪怕只是一次失信，便会彻底毁了孩子做事的积极主动性。

试想，当孩子好不容易完成了作业，结果说好的"玩游戏"却没能兑现，父母下一次再和孩子说"写完作业就给你买变形金刚"时，又怎么可能会调动孩子写作业的积极性呢？

培养孩子的自控力，不是一件简单容易、很快就见效的事情，而是一个系统性的大工程。本书围绕"儿童自控力"这一主题，从心理学角度讲述了培养儿童自控力的全过程，分享了培养儿童自控力的各种实操方法，是家长培养孩子自控力的好帮手。

目 录
contents

第七章　改变不良习惯，孩子做事才有效率、有成果

第八章　稳定好情绪，让孩子更好地管理自己

第九章　严于律己，做好时间管理，让孩子更自律

第一章

自控力：让孩子独立是家长的必修课

1. 父母不"他控"，孩子才能"自控"

很多家长历来推崇棍棒教育法。他们认为，孩子不自律，是因为管理不严所致。为了孩子能够自律，走上正道，家长们不得不扮演各种角色——保姆、严师、能够指挥孩子做任何事的主人等等。这样的家长时时刻刻都在对孩子进行"他控"，他们管控着孩子的一切举动。因此，他们培养出来的孩子只能被动顺从他人的意志，完全丧失了学习自我控制的机会，自然也就没有"自控"的能力了。

艳艳马上就要随父母移民马来西亚了。可是她一点也不觉得开心，在这里，有她喜欢的同学和老师，还有她一直爱好的篮球。在这之前，学校决定让艳艳参加校队，代表学校参加全市中小学生的篮球比赛。为了得到这个机会，艳艳每天苦练，吃了很多苦，现在机会是抓到了，却要因为自身的原因而放弃。这让艳艳非常痛苦。艳艳妈妈说她应该开始筹划未来了，便早早地帮她做好了准备，说是给孩子一个光明坦途。

从小到大，艳艳都生活在妈妈的"他控"之下。每天一放学就要按照妈妈的安排进行接下来的事情：回到家里第一件事就是做作业，做完作业交给妈妈检查，合格后再预习一下第二天要学习的知识，从来都没有娱乐和看电视的时间。对此，艳艳虽然很不愿意，但也只能被迫顺从妈妈。

不仅是在学习上，艳艳妈妈在生活上同样掌控着孩子的一切，从穿衣吃饭到交朋友，从个人喜好到思想取向，艳艳简直成了妈妈手中的木偶，没有丝毫的自由。有时候奶奶有些心疼孙女，看不过去了，对艳艳妈妈说道："孩子一天天长大了，有自己的思想和爱好，你就不要管那么多了，这样对孩子不好。""那可不行，我必须对孩子的未来负责任。"艳艳妈妈振振有词，一副没有任何商量余地的样子。奶奶无奈地摇了摇头，心疼地看了看孙女。

我们有很多"全能的父母"，他们能够包办孩子的一切，希望孩子完全按照他们的指示生活。这样热衷于"他控"的家长，培养出了一代又一代缺乏自控能力的孩子。很多时候，孩子们需要的不仅仅是一个独立的房间，他们更需要一个真正属于自己的精神空间。

父母应该充分认识到，孩子是独立的个体，要相信孩子的能力、给他们一些空间，让他们发挥一下自控能力，按照他们自己的思想、兴趣和爱好走好自己的路。

（1）孩子是独立的生命个体，父母要尊重孩子

孩子是独立的个体。有独立的思想空间，有决定选择权，有兴趣爱好，这些都是孩子作为独立个体应该享有的权利。即便是父母，也不能剥夺孩子的这些权利，让孩子成为被随意摆布的木偶。

孩子有自己的思想、喜好，需要在一个相对独立、自由的空间里成长出真正的自我。作为家长，需要尊重孩子，孩子的生命虽然是父母给的，但这不代表父母有掌控孩子人生的权力。家长应充分了解孩子的需求，多与孩子协商，从而陪伴孩子快乐地成长。要让孩子按照自己的喜好、目标创造自己的人生。

（2）过度的爱就是监视

过多的关注就是一种监视。现在的家长把目光和爱都聚集在了孩子身上，对孩子形成了无形的监控。孩子完全没有了自由，一举一动都在父母的"他控"之下。这样一来，家长的爱就会成为一种巨大的压力，使孩子失去自我，丧失自控的能力。

（3）家长要允许孩子犯错误

孩子的年纪小，人生阅历不足，犯错误在所难免。要知道，在犯过一系列错误并改正之后，孩子的能力也就被训练出来了。这是孩子成长过程中必须经历的。谅解也是教育。懂得宽容的父母，不仅是孩子的良师，也是益友。

放开双手，让孩子远离"他控"，成长为做事有主见、自控能力强、独立性强的孩子，不应总要求孩子听话，一步步摧毁孩子的自控能力，这无异于寄希望于笼中的金丝雀能够拥有翱翔九天的本领。

2. 孩子能约束自己，才能拒绝诱惑

人生中充满了各种诱惑，权力、金钱等等。这些诱惑外表虽然美丽，但实质却是致命的。

亮亮原本是一个非常懂事的孩子。由于家庭条件不够好，父母总会身兼数职，十分辛苦。为了帮助父母减轻负担，亮亮从小不乱花一分钱。看着别的孩子都有成堆的玩具，亮亮也想要；看着别的孩子吃着甜甜的雪糕，亮亮也想吃；看着别的孩子穿着漂亮的衣服，亮亮也想拥有一件。可是，他不能要求父母给他提供这些，因为他知道父母已经很不容易了。

这一天，亮亮照常上学。同学小青带来了一个玩具恐龙。同学们都争先恐后地围观，亮亮也跑了过去。这个玩具恐龙还真好，不仅能够唱歌跳舞，还能朗诵诗歌。亮亮喜欢极了，拿在手里久久不愿放下。

终于，诱惑的魔力战胜了理智。亮亮利用同学们都在操场上做早操的时间，偷偷地将玩具恐龙藏在了自己的书包里。下操之后，小青发现玩具恐龙不见了，她急得哭了起来。同学们纷纷议论，可能是被人偷了。于是，同学们报告了班主任丁老师。丁老师闻听有些吃惊，自己的班里竟然会出现偷东西的事情。于是，丁老师一个个地找同学们谈话。

当丁老师与亮亮谈话时，发现亮亮有些紧张。丁老师又了解了一下，今天早操只有亮亮没有出操。真相基本上浮出了水面。丁老师语重心长地对亮亮说道："孩子，人穷志不穷呀。老师相信你是一个好孩子。犯了错误不要紧，改了就好。"亮亮看着老师，流下了悔恨的眼泪。其实，当他看到小青因为找不到玩具急得哭了起来的时候就已经后悔了。最后，在老师的鼓励下，亮亮将玩具还给了小青，并向小青道了歉。

这就是诱惑的魔力，没有强大自控力的孩子是无法抵御的。因此，作为父母，我们应培养孩子的自控力，不要让诱惑侵蚀孩子。所谓一失足成千古恨，这种不幸的结果，不要让我们的孩子品尝到。古往今来，很多成就大事的人都有很强的自我约束力，他们能够抵御各种诱惑。对于家长而言，应该

从小锻炼孩子的自我约束力，为孩子的一生奠定坚实的基础。孩子的自我约束力需要在家长的引导下逐渐增强，必须经过长期不懈的努力，并及时给孩子以精神鼓励。

那么，怎样才能提高孩子的自我约束力呢？

（1）灌输给孩子正确的是非观，让孩子清楚什么是对的什么是错的

在孩子小的时候，父母就要为孩子灌输正确的是非观，让孩子明白是非，知道哪些事情可以做、哪些事情不可以做。在原则问题上，家长要坚持原则，寸步不让。

（2）以身作则，先约束好自己

家长在帮助孩子进行自我约束的同时，也要约束好自身。父母是孩子的榜样，父母养成自我约束的好习惯，在日常生活中就会对孩子产生积极的影响。时间长了，孩子也会效法父母自我约束的行为，形成自我约束的能力。这是一个很自然的过程，家长不要太过着急，要循序渐进、稳扎稳打。

（3）找出孩子不能进行自我约束的原因，对症下药

孩子受到诱惑，一定有其原因。家长们要准确找出孩子不能进行自我约束的根源，从根本上解决问题。

综上所述，孩子的自我约束能力，需要家长在生活的点滴中锻炼与培养。自我约束是传统文化的思想精髓，孩子们尤其要传承。一个能够严于律己、自我约束的孩子，才是国家需要的栋梁。

3．引导孩子学会情绪的自我调节

有些孩子常常会因为一丁点小事就乱发脾气，甚至会偷偷躲起来、离家出走，父母不得不动员全家、邻居、朋友等四处寻找，一边担心孩子的安全问题，一边又为孩子的行为气愤不已。

哪怕父母或老师只说了一句批评的话，孩子就低头掉眼泪，沉默着什么话都不说，怎么劝都无济于事，搞得父母不敢说孩子一句不好，可长期这么

下去也不是办法。

和小伙伴玩耍，完全是不能碰的"霸王龙"，暴躁易怒，时常会发生摩擦和冲突，不是欺负了这个小朋友就是欺负了那个小伙伴，甚至有攻击性倾向，有时候会把同学、伙伴打哭。

稍不顺心就对父母大吼大叫："你们根本不爱我！""我是亲生的吗？你们怎么能这么对待我？""我讨厌你们，你们为什么要生我？"诸如此类的话让父母又伤心又气愤，更可气的是，孩子动不动就用不吃饭、不上学等来威胁父母。

孩子闹情绪是很多家长都会面临的问题，那么绝大多数父母都是如何处理孩子"闹情绪"的呢？值得注意的是，我们在责怪孩子情绪化的同时，也在用同样"情绪化"的办法来教育孩子。被孩子激怒后，训斥、打骂是最常见的处理方式，殊不知，这种"以毒攻毒"的教育方法只会让事情变得更糟，只会给孩子树立"恣意发泄坏情绪"的负面榜样。

在现实生活中，大部分家长并没有对孩子的情绪给予足够的关注和重视，认为"小孩子的情绪就像夏天的雷阵雨，来得快，去得也快，不必太过忧心"，觉得"孩子还小，情绪多变很正常啊，等长大就好了"。但事实果真如此吗？诚然，儿童由于尚未成年，情绪具有不稳定的特点，可是这完全不能成为我们漠视孩子情绪的理由。

情绪是我们对外界信息的一种正常反应，但如果人的情绪太过激动，不能及时地调整状态、冷静下来，那么往往会造成严重的后果。

科学研究发现，人在处于负面情绪状态时消耗的能量要比平时大得多，随着大脑能量的损失，自控力就会变得更加薄弱，最终促使人们做出"盲目"的行为——既伤害了他人，也给自己带来了麻烦。

任何一个成功人士都不会轻易被"情绪"所主宰，他们对自身的情绪都有着非凡的自控力。一个儿童时期情绪暴躁的孩子，随着年龄的增长，没有外界的教育和引导，根本就不可能成为一个能够情绪自控的人。如果你不希望自己的孩子长大后成为情绪的"傀儡"，那就必须积极关注孩子的情绪变化，及时给予科学引导，让孩子逐渐学会调节和控制自己的情绪。

那么，具体来说，身为父母，我们该如何引导孩子调节自己的情绪呢？

（1）耐心聆听

孩子的愤怒、失望等负面情绪，并非凭空产生的，当孩子在念叨、倾诉生活、学习中的小事时，请不要粗暴地打断他们，应该心平气和地耐心聆听，哪怕孩子的做法令人气愤，也请保持平和。尤其是在处理孩子与其他小朋友的摩擦及冲突时，一定要先听孩子讲清楚事情的原委，不分缘由地训斥只会激化孩子的负面情绪。

（2）以身作则

父母的情绪处理方式，往往会在潜移默化中影响孩子。所以，要想让孩子养成调节不良情绪的好习惯，就必须从自己做起。当父母为孩子设立了模板和榜样之后，孩子自然会从中学到原来坏情绪也可以"和平"地消解掉；同时再进行谈心，加以引导，孩子自然能够逐渐学会调整、控制自己的情绪。

（3）自我减压

孩子在成长过程中会遇到各种各样的问题：考试成绩下滑、同学挖苦嘲笑、伙伴的排挤、朋友的背叛……这些事件无疑会给孩子脆弱的心灵造成沉重的压力与负担。父母要注意观察孩子的情绪状态，当发现他们情绪异常的时候，要及时引导他们通过倾诉、运动、听音乐等方式自我减压。压力少了，孩子情绪的稳定性自然也会变好。

4．自控力训练：让孩子远离拖延症

"毛毛，等妈妈收拾完厨具我们出去散步吧？"

"好呀。"

接下来毛毛妈妈开始在厨房里收拾厨具，而毛毛则在沙发上专心致志地看动画片。等到毛毛妈妈收拾好厨房之后，说道："毛毛，快点穿好衣服，我们要出去了。"然后，毛毛妈妈走进卧室开始换衣服。等妈妈穿好衣服，走出房间看到毛毛依然在沙发上看电视，没有换好衣服也没有穿上鞋子。

"毛毛，你在干吗？这么长时间了，你为什么还没有收拾好自己！"毛毛妈妈大喊一声。

"马上，我这就穿衣服。"毛毛说着便起身了，一边走，眼睛还一边紧紧盯着电视机。

"能不能快点？"毛毛妈妈又催了一遍。

"马上，马上。"说着，毛毛开始穿鞋子。由于注意力全部集中在剧情上，鞋子穿反了竟浑然不知。

最后，毛毛妈妈发怒了，一把抓起遥控器将电视关了……

"毛毛吃饭了。"妈妈喊道。

"好的。"毛毛拿起筷子，一边将食物放进嘴里，一边看着手机里的消息。

"快吃吧，吃完饭再看。"毛毛妈妈提醒道。

"好的。"毛毛接着边看手机边吃饭。

一家人都吃完了，而毛毛才吃了一个饺子。毛毛妈妈生气了，大声说道："有完没完，这顿饭你要吃到什么时候？"见到妈妈生气了，毛毛忙放下手机，开始认真吃饭……

这样的场景，家长们一定不会觉得陌生吧？这就是典型的拖延症，应当引起家长的重视。对于这样的习惯，家长们千万不要觉得是件小事，时间久了，这样的习惯会影响孩子未来的生活和工作。要想改变孩子拖延的习惯，家长可以借助一样小工具——钟表。

孩子做任何事情都需要限制时间，如：

(1) 上厕所

"妈妈，我要上厕所。"孩子说道。

"你可以直接去呀，为什么要告诉我一声呢？"妈妈问道。

"因为在幼儿园里，上厕所就需要告诉老师。老师同意之后，才能去。"儿子说道。

儿子的回答好可爱，妈妈决定不纠正孩子的这一报告习惯："好吧，去吧，三分钟时间解决。"

结果，孩子三分钟不到就上完厕所了。

（2）吃饭

"吃饭了。"妈妈说道。

孩子跑了过来，拿起筷子准备吃饭。妈妈立即阻止道："吃饭的时候，电视机可以开着吗？"

"哦。"孩子不情愿地关掉了电视机。

"对了，做事情要专心。二十分钟内吃完饭。"妈妈说道。

果然，孩子在二十分钟之内就把饭吃完了。

（3）睡觉

"你现在可以看一集动画片，看完之后，关掉电视机，自己上床睡觉。"妈妈说道。

"遵命。"孩子高兴地亲了妈妈一口，蹦蹦跳跳地打开了电视机。

没过多久，孩子果然主动关掉电视机，上床睡觉了。

由此可见，孩子的拖延症完全可以利用钟表来解决。时间久了，孩子的习惯也就养成了。在这个过程中，需要孩子有一定的自控力，说到做到，不能放纵自己，如看完一集还想看一集，就会久久不能上床睡觉。这样一来，孩子拖延的习惯就很难纠正了。因此，在利用钟表这个小工具的同时，家长还需要做好以下事情——

（1）鼓励孩子，表扬为主

当孩子按照要求在规定的时间段里完成了任务时，家长不要吝啬表扬孩子的语言，夸奖他一顿，将孩子高高"架起"，让孩子觉得不好意思不按要求做。

（2）事先征得孩子的同意，双方达成协议

和孩子商量好看一集动画片就去睡觉。等到孩子看完之后，如果他提出还想看一集时，家长就需要坚持立场，并搬出"你事先已经同意，需要说到做到"这一"尚方宝剑"。那么，孩子便不得不控制自己的欲望，坚守承诺了。

（3）坚持坚持再坚持

任何好习惯的形成都不是一朝一夕的事情，但是毁掉一个好习惯却是瞬间的事情。为了能够保持孩子的好习惯，家长和孩子都需要坚持、坚持、再坚持，不可半途而废。

5. 让孩子管好自己的"省心"教育法

现在流行一种新的家庭教育法，叫作省心教育法。顾名思义就是说家长们省点心、放开手，不替孩子做太多，反而有利于孩子自食其力、管理好自己。

现在家长们可以说是将全部的爱都献给了孩子。从出生到上学，到步入社会参加工作，再到结婚生子，只要父母还有一口气，就要替儿女操心、包办。这就是现在大多数家长的心态。

然而，让我们来看一看那些让父母操了一辈子心的孩子的结局。

"听说了吗？张老三家的二波，就是那个去年考上重点大学的孩子，退学了。"

"怎么回事呀？"

"听说是孩子适应不了，没办法一个人在外面生活。说是连叠被子都不会，更别提换洗衣服了。"

"什么，那么聪明的孩子连这个都不会，那不成傻瓜了吗？"

"可不是嘛，好不容易考上了那么好的大学，最后竟然是这样的结局，孩子也可怜。"

"最可怜的还是父母，听说为了供二波读书，张老三两口子每天都去砖厂里背砖，累得老三媳妇都得腰椎间盘突出了。"

"是吗，那个病说是严重的话会瘫痪的，真是可怜呀。"

邻居们纷纷议论着……

为了供孩子读书，父母们吃尽了苦头，特别是家庭条件不好的父母，甚至还为此付出了健康。可是，他们没有培养出能够管理自己的孩子，事事替孩子办，让孩子养成了依赖父母的习惯，不能独立生活。这样的孩子没有照顾与管理自己的基本能力，即使他们拥有通往美好未来的机会也不能把握住，因为他们离开父母就无法生活。这样的悲剧根源在于家长的包办。

为了培养孩子管理自己的基本能力，家长们一定要学会"省心"。

首先，从思想上放下，不要再担忧、牵挂孩子了。

俗话说，儿孙自有儿孙福。孩子的事情让孩子自己去处理。无论是处理好了还是处理坏了，都应让孩子自己动手，这是孩子积攒经验的必经环节。家长不要越俎代庖，剥夺孩子磨砺、锻炼的机会。

其次，在现实生活中真正做到省心、不管。

当思想做好准备之后，就需要行动了。让父母眼睁睁地看着孩子吃力地做事情，不去帮助，心里的确有些不舒服。但是，为了孩子的独立，父母必须这么做。对有些父母来说，孩子永远都是孩子，即使到了八十岁，父母依旧想为他们操心。这种舐犊情深的亲情令人感动，但是这种行为却不值得提倡。家长对孩子的爱要理智，要着眼于孩子的未来。通常情况下家长不可以照顾、管理孩子一辈子，孩子终究需要去独立面对属于自己的人生。

最后，需要告诉家长朋友们，不要将自己的全部精力和情感都寄托在孩子身上，我们还有自己的生活，还有很多很多事情等待着我们去做。过自己的生活，放开孩子，也让孩子过自己的生活。

孩子的人生需要自己去面对。在此之前，帮助孩子学会基本的技能是确保孩子生活幸福的前提。只有经历过挫折的孩子，才懂得如何避免摔跤；只有经历过失去的孩子，才知道如何珍惜现在所拥有的；只有经历过失败的孩子，才有绝地反弹的勇气及智慧……因此，家长们，放开你们的双手吧，不要再限制孩子们了，让他们去飞、去闯、去经历风雨的洗礼吧！

6. 溺爱，只会毁掉孩子的一生

意大利著名儿童教育专家蒙台梭利经常说："教育首先要引导孩子沿着独立的道路前进。"在孩子成长的过程中，培养孩子的独立性非常重要。这是因为，孩子迟早要独立面对生活。事实上，从进入幼儿园开始，孩子就开始同外界进行交往了。等到毕业后，孩子更是将要全面而独立地面对社会。

在孩子小的时候，父母愿意把自己最好的都给孩子，但是比起给孩子物质上的支持来，其实最好的帮助就是让孩子"独立"起来。父母能够给孩子的所有美好，都不如帮助孩子培养独自创造更多美好的能力。父母能帮孩子解决的所有问题的总和，也比不上孩子将来要独立面对的十之一二，这也是为什么人们都反对父母过分地溺爱孩子，因为人生的路终究要让孩子独行。

小丽是一个三岁的小姑娘，但是她的母亲从不溺爱她。有一次，小丽不小心跌倒，头磕破了。这时，她的母亲就站在身边，她把手伸向母亲，眼神里满是期盼——她希望母亲能够把自己扶起来。谁知，母亲却无动于衷，只是说了一句："用手撑一下，自己站起来。"通过这件事，母亲是想让小丽明白：跌倒了要靠自己爬起来。

在一些家庭，只要是孩子说的，父母就不会反驳；只要是孩子想要的，父母就会竭尽全力去满足。在这种环境中成长起来的孩子，往往会变得骄纵、任性。如果父母想要孩子长大后有所成就，就不能过分地溺爱孩子，必须让孩子独立成长，能够靠自己的能力解决问题，而不是靠父母。

自然界讲究物竞天择、适者生存。当孩子离开校园进入社会后，就得接受这一残酷法则的考验。如果父母们一直过分地溺爱孩子，不懂得让孩子独立，那孩子迟早会因为生存而迷茫，最终被社会无情地淘汰。所以，父母一定不要让自己的溺爱毁掉孩子的一生。在爱孩子的同时，要适当地"残忍"一些，随着孩子的成长，要让其承担越来越多的责任，让他们变得越来越独立。

旋旋今年五岁，但在很多人眼里，她都像一个七八岁的孩子一样独立和懂事。这都是因为妈妈从不溺爱她，一直都在培养她的自理能力。

在旋旋十一个月大的时候，妈妈就给旋旋买了一套餐具组合玩具，让她拿着碗、盘子、勺子玩。很多人不理解，觉得孩子太小还不会玩。但旋旋妈妈说，这样能够训练她的手感和平衡能力。果真，到一岁多旋旋开始接触真正的碗、勺的时候，拿起勺子来显得很稳，连喝汤都不在话下。

旋旋两岁半的时候，妈妈就总是在做家务的时候让旋旋旁观，有时还让她帮着收拾，或者是在处理某些杂物的时候征求她的意义。当旋旋上幼儿园的时候，老师觉得很惊讶，午睡过后，她是唯一刚入园就能顺利地将被子叠好、快速穿好衣服和鞋的孩子。

因为旋旋能够很好地照顾自己，所以幼儿园里的同学和老师都很喜欢她。老师常常让旋旋帮忙照顾其他小朋友，别的小朋友有什么不会做的事情都会问旋旋。

溺爱从来都不能帮助孩子健康地成长，只会毁掉孩子的一生。父母要有意识地培养孩子的独立能力，不要剥夺孩子做事的权利，并且还要想方设法地创造机会让孩子独立做事。比如，孩子在两岁之后就应当逐步学会自己吃饭、穿衣、收拾玩具，并帮助父母做一些比较简单的家务；孩子上学之后，要有能力处理自己在学校遇到的一些事情；等等。在孩子学习知识、事理的阶段，要及早教给孩子接触、学习新知识的方法，让孩子学会独立思考，不要一味地灌输知识及道理。

让孩子能够独立做事并不是一蹴而就的，父母不能操之过急。不能因为孩子做不好某件事情，就觉得孩子不适合做这件事，于是自己直接代劳了。任何事情都有一个从陌生到熟练的过程，孩子动作慢、没做好都不重要，父母的责任不是去帮孩子完成事情，而是教育孩子应该如何正确地去完成。父母一定要学会放手、耐心教育，只要给予孩子一定的指导就可以了，千万不要包办。

对孩子独立能力的培养，是对孩子的一种真爱；而对孩子的溺爱和娇宠，则是孩子形成独立人格的最大障碍，只会让孩子在未来的生活中吃尽苦头。

第二章

聚焦专注力，是培养孩子自控力的前提

1. 专注是成功人士的必备品质

所谓专注，是指能把视觉、听觉、触觉等感官集中在某一事物上，达到认识该事物的目的。专注是人类身上珍贵的品质，养成专注的好习惯很重要，尤其是对孩子。专注是一切学习的开始，是孩子最基本的适应环境的能力。"书痴者文必工，艺痴者技必良。"有专注力的孩子，学习及做事都能事半功倍，同时也因为专心投入的关系，就能处理更多有难度的事情，将来有可能成就更好的事业。若等到孩子长大了，一切都养成了习惯，则很难再纠正过来。

一个人的成功离不开专注力，世界上有太多的成功者资质平平，才华也不突出，但最终他们所取得的成就超出了自身实际的能力，这就是因为他们拥有其他人所不具备的专注精神。专注是一个人学习和做事能否成功的关键，对人的一生都是至关重要的。古罗马政治家西塞罗曾经说过："无论多么脆弱的人，只要把全部的精力倾注在唯一的目的上，必能有所成就。"

沃伦·巴菲特认为，人一生中最重要的品质就是专注，而且他也是这么做的。他几乎从不关注商业以外的任何事情，只专注于自己钟爱的事业，甚至在好友的客房里住了三十年，都没有注意到其浴室中挂着一幅毕加索的真迹，最终成就了"股神"这个名号，成为全球著名的投资商。这足以说明专注对于一个人成功的重要性。

专注意味着效率，意味着一种习惯。养成专注的好习惯，孩子做任何事情都能展现出其专注力、恒心、积极态度、高效率，而没有专注力的孩子，容易分心，抓不到专心的方法，做事经常拖拖拉拉。当老师说"给大家三十分钟时间，把这一篇课文抄一遍"时，已经养成专心习惯的孩子就会停止和别人聊天，赶快拿出本子专心抄课文。而缺乏专心习惯的孩子表现出来的行为就会完全不一样，虽然拿出本子抄课文，但东看看西望望，摸摸这个碰碰那个，很容易受到旁边事物的影响，没有时间概念。最后的结果当然是：专注的孩子很快就在规定时间内完成了老师交代的作业，而不专注的孩子则可能因为无法在规定时间内完成功课而受到老师批评。

静静是小学三年级的学生，每次放学回家，她要做的第一件事就是写作业。一开始由于贪玩，静静写作业并不专心，经常写一会儿就放下笔，不是玩一会儿玩具，就是摆弄文具盒里的东西，玩够了再接着写作业。由于不专心，静静的作业本上不仅字迹潦草，而且还有很多的错别字。妈妈发现后，严厉批评静静做事不认真、不专心，要求她将作业全部撕掉，重新写。

妈妈语重心长地教育静静："不管做什么事都要专心致志、一心一意，这样才能有好的成绩。"静静也发现由于自己的不专心，导致自己重新写作业，浪费了不少时间不说，还让自己很累、很烦，因此决定改掉这个坏毛病。

以后，静静再放学回家写作业，不再关注其他的事情，而是专注写自己的作业。慢慢地，静静的作业写得又快又好，成绩也提高了，连老师都多次表扬了她。

静静听了妈妈的话，改掉了自己不专注写作业的坏毛病，才有了好成绩。不是所有的孩子都是天才，只要他们能拥有良好的专注力，那么，无论是学习还是生活，他们都能够做到专心致志，保证将一件事完整且准确地做完，这对孩子来说是一种财富。

专注力不仅仅是一种行为上的习惯，更是一种善于思维的习惯。良好的专注力，可以给孩子带来以下好处：

（1）提高孩子的思维能力

当孩子专注于某件事情的时候，他们就会积极地去探索未知的东西，努力寻找解决问题的方法。比如，喜欢搭积木的孩子更容易掌握组合与分解的知识技巧，可以提高他们的数学思维能力。

（2）提高孩子的学习兴趣

良好的专注力能让孩子更好地进入学习状态，更有效地获取及消化知识，让孩子感觉到学习并不是一件痛苦的事情，从而喜欢学习。当孩子对学习产生兴趣的时候，就算遇到困难也能够迎难而上，有信心解决它。

（3）可以锻炼孩子的毅力

当孩子专注于某件玩具并长时间摆弄时，在不知不觉间也锻炼了他们的恒心和毅力。专注于游戏中，不仅能帮助孩子克服散漫的习惯，还能够使他们沉着冷静地处理问题，形成沉着稳定的心理素质。

（4）引导孩子深入思考问题

当孩子专注于某件事时，能深入地思考问题。比如在搭积木时，一开始孩子可能只会简单地搭高，在不断地研究下，他们会试着往左右搭或组成新的图形。

（5）给孩子带来自信心

好的专注习惯，让孩子做什么事情都能游刃有余，事半功倍，也更容易带来好的成绩，给孩子带来极强的自信心，在任何困难面前都不会退缩。

要想让孩子在以后的学习和生活中取得好的成就，就要从小培养他们的专注力，这是家长们在教育孩子时需要高度重视的问题。孩子不爱学习、坐不住、爱打爱闹，都是专注力差的表现，引导孩子向好的方向发展，就要学会培养孩子的专注力，这在孩子的成长中显得非常重要。

2．学习注意力差不等于注意力障碍

经常会听到家长们抱怨自己的孩子学习注意力差，精神不集中。那么注意力是什么呢？俄国教育家乌申斯基曾精辟地指出："'注意'是我们心灵的唯一门户，意识中的一切，必然都要经过它才能进来。"所以，注意力是指人对一定事物指向和集中的能力，它在各种认识活动中起着主导作用。比如，"注意听"指听觉对声音的指向和集中；"注意看"指视觉对所观察的事物的指向和集中；"注意想"指思维活动对有关问题的指向和集中。孩子们不管做什么事，只有高度集中注意力，专心致志，学习才能事半功倍。

在课堂上，经常遇到这样的情况：有的学生上课时学习注意力集中、专心致志，从不受任何干扰，对老师提的问题能做到对答如流；有一些学生上课就没那么专注，经常在课堂上搞小动作、讲悄悄话、传小纸条……还有一些学生上课看似在认真听讲，实际上在走神，人在教室里坐着，心却不知道飘哪儿去了，当老师提问时，不知所问；有的学生做作业、看书总是静不下心来，总要弄一些"玩"的小插曲，结果作业时间长，差错也不少。屡教不改后，家长们就开始担心自己的孩子是不是有注意力障碍了，是不是哪儿出毛病了，孩子怎么就改不了注意力差这个毛病呢……

其实学习注意力差与注意力障碍是有区别的。学习注意力差，主要是指孩子在学习时注意力不集中，在听、说、读、写、算等学习能力方面落后，这样的孩子除了学习不好外，其他方面都是正常的，甚至是优秀的。他们在生活中能很好地适应环境，在涉及的人际关系和日常生活习惯上也没有什么问题，能够独立生活，管好自己；而患有注意力障碍的孩子则缺乏自控能力，无论是学习还是体育活动（游戏除外），都不能集中注意力，常常不在状态，就连在交往、独立生活（如按时起床或按时睡觉等）方面也有困难。表现在，经常对大人的话不在意，别人跟他们讲话，心不在焉。喜欢动东西，但在学习时表现不出兴奋。这种孩子的最大特点是幼稚，没有时间观念，只能注意一个方面，而不能注意事物的整体，所以，在学习和生活方面出现障碍。

并不是所有注意力不能集中的孩子都属于注意力有障碍，如果孩子只是涉及某一具体的学习任务时注意力不集中，很可能只是学习注意力差，而不是有注意力障碍。

自从上了小学，妈妈发现女儿在学习上总是粗心大意、上课无法集中精力听课。比如，考试的时候，比较难的附加题都能做对，却单单在简单的计算题上犯错误，不是看错了题意，就是少写了小数点。每当妈妈说女儿不认真的时候，她都会这样解释："这道题我会做，只是没有注意到！"虽然妈妈一再提醒她："做事要细心，注意力集中点，做完作业、考完试、做完事，必须要认真检查一遍。"但是却一直不见成效。妈妈感到很困惑，明明孩子在生活中不是这么粗心的孩子，为什么一到学习上就是这么不认真呢？是不是有注意力障碍呢？

女儿之所以会这样，很可能与她学习注意力的集中程度有关。心理学研究表明：如果孩子在学习中不能集中精力，或者集中的时间不够长，那么他们的大脑在筛选、分析看到的信息时，就会受到干扰，信息就会出现差错或遗漏，导致学习粗心大意。所以，这位妈妈需要做的是训练女儿的注意力，让她在学习中能够集中注意力，相信女孩会慢慢地改变这种状况。

注意力的培养不是一朝一夕的事情，在培养孩子良好注意力品质的过程中我们要注意以下几点问题：

首先，对待孩子，家长要转变自己的态度，要有耐心和爱心，把孩子的注意力不集中当作一种心理问题来看待，而不是当作性格和意志上的缺陷。

其次，给孩子学习提供一个相对安静的学习环境。在孩子做作业时，家长要尽量保持安静，避免打扰孩子，可以关上屋子的窗帘，关闭电视或收音机，给孩子一个良好的学习环境。在孩子学习时，家长不要大声说话，否则会影响到孩子的大脑思维，无法集中精力。

最后，给孩子买一些内容活泼，字迹大一些的复习书。孩子最容易被吸引，书中的大字或活泼的内容会吸引孩子，让其读书的时间更长一些。

孩子注意力集中时间的长短，取决于孩子的年龄、性格和其他个性。例如，五六岁的孩子，其注意力只能维持十五分钟左右，而八九岁的孩子则可以维持半小时左右。所以，孩子出现忽略细节、粗心的现象虽然很正常，但是如果不及时纠正这个弱点，就很可能会给他们日后的生活和学习带来不良影响，因此家长要认真对待这个问题，有意识地去训练孩子的注意力。

3．专注力训练：有效解决注意力不集中的问题

孩子常常会出现这样的行为：上课走神，喜欢东张西望，小动作频繁；写作业磨磨蹭蹭，边写边玩；做事三心二意，动不动就被周围的声音或事物吸引……这是注意力不集中的表现。如果不采取措施及时纠正，久而久之就会养成一种坏习惯，对任何事物都难以进行深入的思考。注意力不集中会给孩子的学习和生活带来很大的负面影响，不利于孩子的成才。良好的注意力

是孩子未来取得成就的有力保障。

注意力不是天生的，它需要后天的培养。当孩子的注意力得不到保护，总是被破坏时，注意力就会慢慢涣散，所以，请让孩子专心地做完他手头的事情。当孩子在做他自己喜欢的事情时，注意力是最集中的时候。

大多数家长都会有孩子注意力不集中的困扰，他们焦虑、头疼不已，不知道如何去教育孩子。甚至还有的家长采取一些不正确的教育方式，如打骂等，结果并不理想。关于训练孩子的注意力，作为家长一定要学会用适当的方法，合理地引导孩子往自己期待的正确方向上走。

牛牛今年上小学三年级，从小到大邻居们都夸他非常聪明。可妈妈发现，牛牛除了玩游戏和看电视以外，做其他的事情都很难坚持较长的时间，特别容易分心，很少看见他能安安静静地做完一件事情。而且，在学校老师也经常批评牛牛，说他在课堂上爱说话、小动作多，注意力不集中。为此，妈妈给牛牛报了很多训练班，依然没有让他改掉好动的毛病。

牛牛的问题，在很多孩子身上都出现过。有许多家长也苦恼自己的孩子不能集中注意力，无法专注地做好一件事，学习上总是粗心大意，不知道怎么教育孩子才能纠正这个不好的习惯。家长们该如何训练孩子的注意力呢？

（1）坚持看一个节目

当孩子看电视时，要求孩子每天只能看一个节目，不能总是切换频道，不断更换频道，容易让注意力涣散。

（2）听孩子说完

当孩子兴致勃勃跟你们说话时，要认真倾听，让孩子把话说完，不要随意打断孩子的话。

（3）合理安排孩子写作业和活动的时间

对孩子来说他们的精力有限，不能长时间地集中精神做一件事，所以要合理安排时间，孩子写累了就让他们休息一会儿再写。

（4）改定时为定量

有的孩子在家长规定的时间内写完了作业，却又被家长安排别的课外作业，这样孩子就会产生逆反心理，反正早写完也不能玩儿，还不如慢慢地写，拖到睡觉的时候。

（5）尽量减少对孩子的唠叨和训斥

父母的态度对孩子注意力的影响是巨大的，父母一定要注意自己的语言艺术，即使孩子注意力不集中，家长也不要总是把这句话挂在嘴边，要把斥责变为鼓励，将批评变成表扬，鼓励是让孩子集中注意力更好、更有效的办法。

（6）营造一个集中注意力的环境

在日常生活中，家长经常给孩子买很多的玩具和书籍，太多的书籍和玩具只会让孩子注意力涣散。孩子往往是这本书翻两页，那本书翻两页，玩具也是，一会儿玩这个，一会儿玩那个，让孩子无法专心。

（7）放磁带，听故事

给孩子放录音故事磁带，让孩子专门听故事，而不是播放 VCD、DVD。因为前者只需要听，而后者需要又听又看。当单独运用一种感官刺激时，特别是听觉，更有利于培养孩子专心的能力。

（8）家长不要干扰孩子的注意力

孩子玩游戏的时候，千万不要打扰。如果家长在这时打断孩子，或者训斥孩子的行为，就会伤害孩子的自尊心和积极性。这样的事情多发生几次，孩子就会慢慢地对周围的事物失去兴趣，做事情也就无法集中注意力。

（9）陪孩子玩注意力比较集中的游戏

比如，藏起某个东西，让孩子来找；在手中不断变换的扑克牌中，让他们盯住某张牌；在盘子里放一大堆黄豆，让孩子找出混在其中的豌豆；等等。

（10）陪孩子做注意力训练

父母可以找一些有关注意力训练的书，让孩子做注意力训练的题。如找不同、比大小、拼图、记数字、比对图形等，在娱乐中训练孩子的注意力。

注意力集中是一种习惯，而习惯要从小养成，抓得越早，后面的效果就越好。面对孩子注意力不集中的问题，家长一定要有足够的耐心，帮孩子分析原因并给予恰当的引导。当家长发现孩子注意力不够的时候，就要想办法来训练其注意力。"教育是慢的艺术！"家长浓浓的爱、足够的耐心与恰当的引导，能够陪伴他们去投入长时间的精力完成一件事情。

4．有时，只是你以为孩子专注力不好

家长希望自己的孩子不管是学习还是做事都能专注，但常常事与愿违：孩子总是心不在焉、三心二意，无法把全部注意力集中在某一件事情上。针对孩子的这种情况，大部分家长都觉得是孩子不听话、不懂事，甚至认为是孩子的性格问题，于是便劈头盖脸地责备、抱怨其不能专心学习或做事。

然而，事情的真相是，家长们以为的孩子专注力不好，一方面是因为家长在旁边"捣乱"，家长对孩子的教育方式不恰当。很多生活细节，我们看似平常，却对孩子的专注力有很大的影响，比如要交代孩子做某件事情，总会反复说好几遍，就怕他们记不住；孩子正在做某件事情，我们会在一旁不停地提醒、指导他们等等。这样做很容易导致孩子无法集中注意力。

亮亮在家写作业，谁知写到一半的时候，妈妈突然过来查看，亮亮心里顿时变得紧张起来，生怕有错题被妈妈发现。果不其然，妈妈生气地指着数学本上的习题说："写作业不带脑子啊，看这个，抄题都会抄错，还有这个，6÷3=3？上课有没有认真听讲，心跑哪儿去了……"

亮亮听到妈妈的训斥，赶紧放下手里的语文作业，回过头来想改正妈妈指出的那些错题，却一时不知道该怎么做，呆了半天才反应过来。迅速将之前写错的习题改正过来，可当亮亮又回到之前的语文作业上时，发现自己不知道该怎么去写，完全找不到刚才的思路了。

他烦躁地扔下了笔，拿起了旁边的玩具玩了起来。结果，等到睡觉的时候，亮亮的作业还没有完成，又惹来妈妈一通教训。

亮亮的这种情况很常见，家长经常在孩子做作业的时候随便打断，自以为是在帮助孩子，其实是在破坏孩子的专注力。孩子做作业时，思路是一个连续的过程，注意力也是集中而连续的，如果家长贸然将孩子的思路强制中断，就会严重影响孩子的注意力。

所以，在孩子写作业或者是专注做一件事情的时候，请保持沉默。对于过程中所出现的错误或不合理之处，只要不危及安全，家长完全可以等事情结束了之后再对孩子进行提醒和询问等。

另一方面是家长的浮躁心理，不管孩子自身的兴趣，只想让孩子掌握各种特长、各种技能，以后好能在社会上有立足之地，却忽略了一个人的精力有限，更何况是孩子？要学的东西那么多，哪儿有充足的精力？造成孩子专注力不好，哪一门都没能学精。

孩子并非在所有的事情上都表现为注意力不集中。孩子的注意力不集中是具有选择性的，与孩子的兴趣有很大关系。随着孩子的不断成长，逐渐对一些新鲜事物表现出浓厚的兴趣，在做自己感兴趣的事情时，他们的注意力就会更集中、更稳定、更持久。这时，家长应该及时予以尊重和鼓励，这样孩子才会有被认可的感觉，才会专注于自己感兴趣的事物，慢慢地会使自身的注意力得到提升。

孩子只有做自己想做的事情才会集中注意力，也才会将事情做好。可见，孩子的注意力在一定程度上直接受其兴趣的影响和控制。家长在了解了孩子的兴趣后，可以先引导孩子做一些感兴趣的事情，引导集中孩子的注意力，然后让孩子全身心投入到一项任务中去。

"知之者不如好之者，好之者不如乐之者。"在学习认知方面，如果孩子有需求，作为家长应该支持孩子的想法，而不是由家长做定夺，让孩子做什么。比如，孩子喜欢恐龙，家长完全可以带孩子去自然博物馆观看恐龙化石，了解恐龙知识，或者到图书馆为他们借一些动物画册，适当的时候还可以买一些模型玩具，陪孩子在家里上演"侏罗纪大战"。托尔斯泰说过："成功的教学所需要的不是强制，而是激发学生兴趣。"兴趣是产生和保持注意力的主要条件，一旦孩子对学习有了兴趣，便能在日常学习中全神贯注，集中注意力去学习。

家长要懂得鼓励孩子去完整地完成一件事情，让孩子尽可能多地接触外界事物，并且给他们足够的时间去探索和发现。没有一个人天生就能有很强的专注力，不管是成人还是孩子。孩子专注的力量，来自父母的耐心肯定和鼓励，不要因为孩子迷恋一些冷僻的知识而感到失望或担忧，可能这种独一无二的爱好恰恰能维持得更持久。

当然，家长对孩子的支持应该是有选择性的，而不是盲目的，不是孩子所有的想法都必须给予支援，家长支持孩子要有灵活的思路，在确定不会对孩子的以后产生不好影响的前提下去支持孩子的兴趣想法。

5. 做事不能贪多，一次只做一件事

一个人不能同时骑两匹马，骑上这匹，就会丢掉那匹。聪明人会把分散精力的要求置之度外，一次只专心致志地做一件事，做一件事就把它做好。因为，人的注意力是有限的，分配在不同的事情上面，就会严重消耗注意力。尤其是孩子，他们的注意力正在发展过程中，同时进行多件事情，会损害注意力的有效集中。现实生活中我们经常会看到一些孩子做事三心二意，不能坚持到底，即使头脑较聪明的孩子也难有好的成绩。这主要是因为他们不能一次只做一件事，或者是在做一件事的时候还有其他的东西在诱惑他们，所以无法专心。

心理学家曾做过这样一个实验：让接受实验的孩子们分别一次只做一件事和一次做两件事。发现最终结果差别很大，前者有90%以上的孩子把指定的一件事做好，而后者几乎没有人能同时把两件事都做好。所以，一次只做一件事是培养好学生专注力，提高其做事效率的有效方式。

培养孩子一次只做一件事不仅对其形成健康人格具有重要的作用，而且对于发展孩子的认识能力也具有十分重要的意义。懂得一次只做一件事的孩子能够最大限度地把自己的精力投入到一件事里，达到认识客观事物的目的，获得知识，发展智力。

在美术课上，老师请孩子们在纸上画一条两种颜色间隔的马赛克鱼。只见程菲很快就画好了小鱼的外轮廓线和鱼身上的小格子图案，但是进行到要给小鱼涂两种颜色时，她就坐不住了。这个颜色涂一下，那个颜色涂一下，

一会儿就"溜号"了，不是看看别的小朋友画到哪儿了，就是玩自己的蜡笔，有些不想再画了。于是，老师走过来，教她在小鱼身上涂一种颜色，涂一格空一格，等涂完这个颜色再换另一个颜色，这样画得更快一些。老师让程菲自己试一下，可是由于格子太小画起来要很仔细，她很快又有些不耐烦了。

老师就鼓励她说："你已经画了这么多了，现在就剩下涂颜色了，而且都已经涂一半了，再坚持几分钟，这条小鱼就能穿上漂亮的花裙子了。"

最终，程菲还是坚持了下来，画出了一条美丽的马赛克鱼，她很高兴地拿给老师和其他小朋友看，老师表扬她能不怕困难坚持到底。其他小朋友也夸她画得漂亮，程菲高兴极了。

为马赛克鱼同时涂两种颜色，给程菲带来了不小的困扰，不能集中精力，导致她没有耐心，无法很好地完成这件事，幸亏有老师指引，才成功了。从这儿我们可以看出，同时完成很多事，容易造成孩子的注意力分散。在孩子做事情的时候，要正确引导孩子一次只做一件事，哪怕是孩子玩玩具，也要一次只玩一个玩具。一次只做一件事，目标很明显，孩子自然会安排如何去做，也更有信心去完成，注意力难以集中的状况便大有改善。

要想孩子改变浮躁的做事态度，一次集中精力只做一件事，家长应该做到以下几个方面：

（1）建议孩子合理安排作业顺序

心理学研究指出，一般在孩子学习刚开始的几分钟，效率比较低，随后开始上升，到十五分钟后达到顶峰，这个时候注意力比较集中。根据这一规律，家长可以让孩子在开始的时候做一些比较简单的作业，等做完后，再在注意力比较集中的时间段里做比较难的作业。这样，孩子不仅能很好地培养注意力，学习效率也得到了提高。

（2）增强孩子的耐心

对孩子来说，自觉性和坚持性是与他们的耐心相联系的。若想让孩子能够专注地一次做一件事情，家长还需要培养孩子的耐心。有耐心的孩子，能够专注在一件事上，办事能力也会比较强。在日常生活中，当孩子表现出缺乏耐力时，同时也是培养耐心的最好时机。作为父母，应该抓住机会与孩子做几个能够吸引他们注意力的游戏，引导孩子增加耐性。

（3）从小培养及督促

在孩子有自己的理解能力后，家长就应该逐步培养孩子学会正确认识和判断自己行为的适宜度，让孩子明白，在什么时间做什么事情。从小教育孩子，不管做什么事情，都应该一心一意，坚持到底，不能三心二意，到头来一件事也没完成。只有集中注意力做一件事情，才能把事情做好。比如，家长可以给孩子讲讲《小猫钓鱼》等故事，来教育、启发孩子。

（4）避免同时做两件或两件以上的事情

让孩子一次只做一件事情，他可以分清主次，做完一件事再做另一件事。也可提高办事效率，同时还能让孩子建立轻松愉快的心情，在自己的成就感中快乐地完成任务。

（5）家长做出榜样

某个学校曾做过这样一个试验：在课堂上，老师给同学们看有关妈妈耐心做一件事情的录像。结果，这部分的孩子比没有看过录像的孩子更能专心致志地画画或者写作业。

可见，家长是孩子最好的榜样，如果家长能一次专心做好一件事情，那么，孩子也会模仿家长，做事态度也会慢慢变得不再浮躁。

为了不让孩子成为只会耍小聪明的人，不让孩子空有智慧而不懂得运用，不让孩子长大后成为一个做事不会抓重点、一事无成的人，家长们从现在起，就要认真地陪孩子做好一件事，不贪心不焦躁，给孩子一个安静的空间。

6. 专注力 + 毅力 + 勤奋 = 完美性格

在孩子的成长过程中，家长发现孩子在日常生活、玩耍、游戏、学习中大多会表现出一些相对稳定的特点，比如有的孩子比较合群、懂得忍让；有的孩子比较任性、自私；有的孩子比较勇敢、大胆；有的孩子比较懦弱、胆怯；有的孩子能独立做事；有的孩子则依赖家长……孩子在生活和活动中表现出来的这些特点，就是心理学上所说的性格。

有什么样的性格，就有什么样的人生，一个人的事业、家庭、人际关系与身心健康，都取决于性格。英国著名心理学家李得（Reade）曾说过："播下你的良好行为，你就能拥有良好的习惯；播下你的良好习惯，你就能拥有良好的性格；播下你的良好性格，你就能拥有良好的命运。"孩子可以没有良好的天赋，但不可缺乏良好的性格，性格是关乎孩子人生成败的重要因素。

如今的社会，给孩子带来了更多更难的挑战。但年龄小，会让他们缺乏自主学习的能力，而控制自我情绪和处理事情的能力也比较差，碰到困难、遇见挫折容易泄气、消沉。而有的孩子更是没有社交能力，比较孤僻、容易冲动。作为家长需要高度重视培养孩子的良好性格，让孩子构建自己健康的人格状态，最终形成自我。这是父母送给孩子最珍贵的礼物。

为了孩子的未来，父母要培养孩子哪些良好的性格呢？

首先，要培养孩子的专注力。

对于孩子来说，克服三心二意的坏毛病，培养其专注的性格是很重要的。很多父母所犯下的一大错误，就是让孩子把宝贵的精力分散到许多不同的事情上。要知道孩子的时间有限、能力有限、精力有限，想要什么都学会是不可能的，比如今天学跳舞，明天弹钢琴，到头来什么都没有学会。

没有专注力的孩子做什么事都没有长久的耐心，遇到困难就会退缩。而专注的孩子，能够把自己的时间、精力和智慧都运用到所做的事情上，能最大限度地发挥积极性、主动性和创造性，在遇到诱惑、挫折的时候，能够坚持下去，勇往直前，努力实现自己的目标。专注的孩子即使是玩也能玩得专心，全身心地投入到玩耍中，得到最大的快乐和收获。

因此，父母要努力培养和鼓励孩子集中精力做好某一件事。

其次，要培养孩子的坚强毅力。

毅力也称意志力或坚持力。它是指在明确学习目的的情况下，克服和排除学习中的内外困难和干扰，以顽强的意志完成学习任务的品质，是成才者必备的重要品质。爱因斯坦说过："优秀的性格和钢铁般的意志比智慧和博学更为重要。"有一些孩子非常聪明，智商也不低，学习成绩却不理想，其中一个重要原因是缺乏毅力。

在每个学期开始之时，爸爸妈妈都会要求嘉嘉给自己的新学期制订一个学习计划。嘉嘉在最初的几天还能遵照计划去学习，到后来就慢慢地松懈了，甚至不到一个月就完全放弃了自己的学习计划。在上课的时候，她也是只能在前二十分钟专心，后二十分钟就无法继续坚持；在写作文的时候，前半部分写得还可以，到后半部分不仅思路变得没有逻辑，就连字迹也变得潦草凌乱；做作业一遇到不会的问题就打退堂鼓。对此，爸爸妈妈很是头疼，怎么嘉嘉什么都做不好呢？

嘉嘉做事缺乏毅力，才什么都做不好。想获得成功，就需要有坚强的毅力，只有对目标坚持不懈，才能实现目标。在生活中父母必须重视培养孩子坚强的毅力。

最后，要培养孩子的勤奋努力。

俗话说，勤能补拙。即使一个人比别人笨拙，只要他勤奋努力，必有好成绩。即使孩子第一次做不好，只要勤于练习，多次之后也能掌握做好这件事的窍门。当孩子具有做好一件事的能力时，他就有了一定的成功的满足感，进而增加了他的自尊、自信。勤奋能够让事情向着积极的方向发展，只要孩子能够勤于做事、坚持不懈，在与同学竞争的时候，就能够战胜别人，就会使自己变得非常自信。

"父母之爱子，则为之计深远"，为了给孩子的终生事业奠基，家长们应从小培养孩子勤奋的品质。

只要孩子在学习和做事时能够集中精神专注于此，在遇到困难或挫折的时候能够凭借毅力冲过去，无论干什么都能勤勤恳恳，就没有解决不了的事，成功也是水到渠成。拥有专注力、毅力、勤奋的孩子，其性格就趋于完美。完美的性格在孩子的成长过程中，就好比是钢筋，而智慧则是浇筑的混凝土。如果没有钢筋的支撑，再多的混凝土也建不起高楼大厦。因而，让孩子一生能够有所成就，最重要的条件就是专注力＋毅力＋勤奋。

第三章

顽强的意志力，是培养孩子自控力的核心

1. 独立性：让孩子自己判断、选择、决定

孩子是独立的个体，他们有自己的想法和主意，不要过多地干涉孩子，应让孩子自己判断、选择、做决定。

浩浩总是埋怨自己的妈妈，因为他在考大学的时候想要学医，想成为一名医生，而他的妈妈却坚决不同意。妈妈认为爸爸在电力部门工作，有一定的人脉关系，为了能够让孩子的起点高一些，便要浩浩学习电力专业。事情的确按照妈妈的设想发展了，浩浩毕业后顺利进入电力系统工作。可是，浩浩并不开心，每天都机械地重复着同样的工作，浩浩找不到任何动力。当看到医院里医生们忙着救人时，浩浩的心就开始疼痛，他真的希望自己能够成为一名医生，每天赚多少钱并不重要，重要的是能够通过自己的双手帮助别人，浩浩非常喜欢这种感觉，可是他今生注定与医生这个职业无缘了。

在现实生活中，像这样的事情会经常发生，很多家长强行把自己的选择加诸孩子身上，强迫孩子去做不愿意做的事情，孩子是不会开心的。孩子会长大成人，他们有自己的思想和喜好，父母一味地强迫孩子，会让孩子产生敌对心理。那样不仅不会让孩子受益，反而会逼迫孩子走弯路。也许有的家长认为孩子是自己生命的延续，自己感到遗憾的事情应该由孩子来弥补。可是孩子并不这么认为，他们觉得自己的事情应该由自己做主。就这样，家长与孩子之间便产生了分歧。

事实上，从孩子出生那一刻起他就是一个独立的小生命，除了他自己没有人能够决定其人生。作为一个人，他是自由的，享受着生命赋予他的一切权利。即使是父母，也不能干涉孩子作为一个独立生命应有的权利。

很多家长会说："我们并不是干涉他，不让他自己选择，只是觉得孩子还小，判断力还不够，应该帮助他选择一条更好的路，毕竟我们的经验多，能更加准确地判断出哪条路更好。"真是这样吗，家长认为的好路真的好吗？事实上，最好的路是适合孩子的路。而哪条路是最适合孩子的，只有孩

子自己最清楚。

有一位学者，在一所中学做了一项关于独立性的调研，当学生被问及遇到困难该怎么办时，大家几乎异口同声地答道："找爸爸妈妈。"没有一名学生选择自己想办法解决问题。当被问到以后想要做些什么时，很多孩子竟然回答道："不知道，只能先回家问问父母才能决定。"而这样回答的孩子几乎都是老师眼里的好学生。这位学者在调研结束之后总结道："当代孩子在父母温暖的怀抱里渐渐失去了独立性，成了父母的小木偶。"面对这样的情况，孩子根本就没有自我价值观，他们在按照父母的规划活着。在父母的保护下，孩子失去了独立选择、承担后果的锻炼机会。久而久之，孩子将失去独立思考的能力，像一群小机器人一样盲目地服从父母的指令，无须思考只需执行就可以。

孩子的社会经验不足，在独立行动时难免会出错，但是不能因此就不给孩子锻炼的机会。如果因为楼梯太高，害怕孩子摔倒，就不让孩子爬楼，那么孩子永远不会知道自己有可能从楼梯上摔下来，永远不会知道应当怎么爬楼梯，应当注意哪些细节来预防自己摔下来。只有真正经历过了，真的摔疼了，才能增长经验、才能长大。孩子是需要历练的，需要为自己的错误承担后果。在这个过程中，孩子会伴随着泪水、汗水和疼痛成长，成长为勇于克服困难、战胜困难、不卑不亢、遇事冷静、果断的小战士，他们不需要家长为其遮风挡雨，因为他们自己就是大树，无惧风吹雨打。

2．你的孩子能谦逊地接受批评吗

著名教育家陶行知先生曾说过："在教育孩子时，批评比表扬还要高深，因为批评一定要讲究方式，这是一门艺术，用得好，它比表扬的效果还有用处。"正如陶行知先生所言，批评的确是家庭教育中最难修的必修课。家长在教育、培养孩子的过程中，批评孩子一定要讲究方式方法，要结合孩子的接受能力，让孩子心悦诚服地接受批评，这样的批评才能起作用。

很多年前，陶行知先生在一所小学里担任校长。一天，他通过窗户看到一名男生正要用一块砖头砸另一名学生的头。陶行知立即制止了男生的行为，并责令他去校长室听候处理。

过了一会儿，陶行知处理完手上的工作回到办公室，只见刚才那名男生已经等候在校长办公室里了。陶行知没有立即斥责这名男生，而是从兜里拿出一块糖递给了男生。"这块糖是奖励你遵守时间，提前来到办公室里等候我。"说完，陶行知又递给他一块糖，"这块还是奖励你的，你听从我的命令，停止对同学继续施暴，说明你还是尊重师长的。"接着陶行知递给男生第三块糖，"第三块糖依然奖励你，因为你打人的动机是正义的，是为了教育那名学生欺负女生的恶行。"至此，陶行知没有说一句批评这名男生的话。可是，男生却流着泪说道："校长，我知道错了，不管什么原因我也不应该动手打人，您不用说了，惩罚我吧。"陶行知笑了笑，又递给男生第四块糖。"知错能改，善莫大焉。孩子，既然你已经知道错了，就回去吧。"

从此，这名男生再也没有犯过类似的错误。他一改以前火爆的脾气，变得乐于助人，待人也很温和。这就是陶行知的四块糖的故事。故事虽然很简短，却能让人记忆犹新。陶行知对孩子的批评艺术已经达到了炉火纯青的地步，值得所有的家长学习与借鉴。

现在，我们很多家长也能深刻意识到孩子是需要教育和管理的，不能一味地溺爱孩子。于是，会越来越严厉地批评孩子。有的父母大声斥责孩子，有的父母甚至惩罚孩子，更有进行家暴的，等等，这些都是不合理的，都不能起到正面教育孩子的作用。孩子不仅不会虚心接受家长的批评，还会变本加厉地同家长对着干。为什么孩子会有这样的反应呢？因为家长的批评方式不合理。因此，家长在批评孩子的时候一定要注意以下几点：

(1) 不能按自己的心情批评孩子

很多父母在批评孩子方面非常随意，带有一定的情绪。当家长心情好的时候，孩子做错事情也不会受到批评；当家长心情不好的时候，孩子就哪哪都是错了，横竖看孩子不顺眼。这种随着父母心情而定的批评不仅不会起到丝毫作用，反而会激起孩子的逆反心理，让孩子觉得父母根本就是拿他当出气筒。久而久之，孩子会抵触父母所有的批评，无论批评得是对是错。

（2）引导孩子自己发现错误

正如陶行知对男孩的批评，全程没有出现一句责备的话，一直都在表扬孩子。可是，男孩最后能够无比深刻地认识到自己的错误，从这一点来看，引导孩子自己发现错误才是最有效、最深刻的批评。

（3）批评孩子不能以伤害孩子的自尊心为代价

那种以伤害孩子自尊心为代价的批评是最愚蠢的方式。孩子的心理很脆弱，家长不能做任何伤害孩子自尊心的事情。否则，批评将演变成扼杀行为，扼杀的是孩子的自信心。

（4）批评的同时一定要表扬孩子

孩子都希望得到父母的认可。为了能够让孩子虚心接受自己的批评，也为了能够维护孩子的自信心，建议家长在批评孩子的同时一定要表扬孩子做得对的地方。这样将表扬与批评相结合的方式非常有效，比较容易让孩子接受。

批评不是大吼大叫，也不是拳打脚踢，更不是挖空心思地嘲讽，批评是一门充满智慧与艺术的大学问。孩子与成人一样有思想、有尊严，家长在批评孩子的时候一定要注意方式方法，不能以伤害孩子为代价迫使孩子接受自己的批评，要让孩子虚心接受批评，这需要家长用心仔细思索。

3．三岁前：抓住培养自控力的黄金期

为什么要在孩子三岁前培养孩子的自控力呢？

蒙台梭利曾指出："人生的头三年胜过以后发展的各个阶段，胜过三岁直到死亡的总和。"三岁是孩子成长的一个关键阶段。在这期间，孩子基本上已经完成了大脑的发育。在孩子大脑发育的关键时期，有选择、有取向地刺激孩子，有助于促进孩子脑组织的发育、完善。因此，把握好这个黄金阶段培养孩子的自控力，对孩子今后的成长有着不可估量的积极影响。

对此，美国著名的心理学家克莱尔·考普曾经做过很多研究工作，他总结道：

三个月大的孩子，尽管中枢神经系统还没有发育成熟，但是孩子对外面的很多刺激都会有一定的回应能力。在与外部环境的相互作用中，孩子开始有意识地学习模拟。特别是孩子到一岁左右时，能够有意识地顺应家长的要求做出一些符合家长期望的动作来，这些均可被视为孩子早期的自控行为。

当孩子成长到两岁左右的时候，自控力能够控制孩子产生延缓行为。此时的孩子即使是在没有人管理的情况下也可以开始渐渐地自觉遵守一些简单的规则。当孩子长到三岁左右时，眼窝前额皮质几乎就不再发育了，开始有强烈的自我意识。如果这个时期孩子的自控力很强，他就能够调控自己的思想，尽量接近家长的意愿。

由此可见，孩子早期自我控制能力的发展主要是由孩子自身的发展和家长的培养共同决定的。在孩子认知神经系统发育之初，家长的系统教育也需要同步跟进，对其进行科学的训练，为孩子提供必要的外界指令，帮助孩子完成自控力的强化过程。

不合群的孩子，不容易交流的孩子，缺乏好奇心的孩子，没有合作精神的孩子，爱发脾气的孩子，有暴力倾向的孩子……都是因为"眼窝前额皮质"的情绪控制功能太弱。而这个功能在孩子三岁之前就形成了，尽管后期还会发展，但是不会有太大改善。为什么"眼窝前额皮质"的发育期这么短暂呢？

因为在三岁后，孩子会形成一个"自我抑制系统"，这个系统掌管着孩子的记忆力、判断力等，大脑会将几乎全部能量都转移到这个中枢系统发育上面，所以，想要培养孩子强大的自控力一定要在孩子三岁之前进行。错过"眼窝前额皮质"的发育期，家长将永远无法弥补孩子自控力不足的弱项。

该怎样抓住打造孩子自控力的黄金期呢？

爱玩是孩子的天性，对于孩子而言，三岁之前需要的不是早期教育，而是同很多小朋友一起玩耍。因而，要让孩子在集体生活中学会如何与别人合作、如何帮助别人、如何合理沟通等等。这种孩子们在一起玩耍的实践经历是促进孩子"眼窝前额皮质"发育的最好方法。

很多家长偏执地认为只有让孩子进入好的大学才是对孩子负责，为此，他们早早地便将孩子置于各种特长培训的课堂中，无情地剥夺了孩子宝贵的玩耍时光。也许，在这些父母心中，学习知识比其他任何事情都重要。

孩子爱玩是一种天性，而孩子在玩耍中则能够健康成长。家长违背规律的育儿方法无异于拔苗助长。

孩子的智商重要，难道情商就不重要了吗？一味侧重于孩子智商提高的家长们，难道你们想要一个只懂得学习知识其他什么都不懂的孩子吗？试问，这样一个综合能力低下的孩子，离开你们的呵护之后能干些什么呢？

4．该做的事立刻去做，绝不拖延

懒惰是人性的组成部分，在潜意识深处，人都是好逸恶劳的，表现在现实生活中就成了各种各样的拖延症，未成年的孩子也不例外。从心理学角度来讲，拖延往往会让人为此背上沉重的心理负担。悔恨、愧疚、烦躁、不安……这些消极情绪只会让孩子更没学习效率，要想让孩子远离这种糟糕状态，就必须帮助孩子战胜思维惰性，养成主动行动的好习惯。

如今，手机、平板电脑、游戏机等的广泛普及，使得孩子"熬夜""磨蹭""拖延"的情况更加普遍、严重。晚上写作业的时候，一会儿玩玩手机，一会儿看看动漫，都很晚了也不睡觉，躺到被窝里还要玩好一会儿手机；该吃饭了，还坐在游戏机前，喊了一遍又一遍，嘴上说好，实际就是不动弹……

明明周末就应该写完的作业，结果拖着没写，周一早晨四五点钟起来狂补；早饭后喊着要出去玩，可一坐在游戏机前，就粘在了椅子上，拉都拉不起来……现在有很多孩子都有类似的拖延情况，其实，这是"思维惰性"在发挥作用。

"明日复明日，明日何其多。我生待明日，万事成蹉跎。"尤其是对于未成年的孩子来说，每一天都是非常宝贵的，一旦养成了拖延的坏习惯，只会变本加厉，也不利于孩子的心理健康发展。

正如加利福尼亚大学伯克利分校参加拖延治疗的一名学生所说："拖延就像蒲公英。你把它拔掉，以为它不会再长出来了，但实际上它的根埋藏得很深，很快又长出来了。"为什么"拖延"如此难以连根拔除呢？

一方面，逃避心理与行为拖延是一对双生花，当孩子面对难题、学习困难、挫折时，会产生逃避心理，促使孩子通过"拖延"得以喘息，尽管事后要付出更大的代价，饱受负罪感、愧疚、悔恨等折磨。所以，父母要引导孩子学会面对事实和困难，鼓励孩子不要当逃兵。当孩子有勇气去面对一切未知和即将到来的困难时，因"逃避"而滋生的拖延就会失去成长的土壤。

另一方面，孩子始终都会受到外界的诱惑，比如好玩的游戏机、好吃的零食、有趣的玩具……并不是每一个孩子都具备超强的抵制诱惑的自控力，即便是自控力很强的孩子，在面对无比诱人的条件时，也很可能会动摇，从而为了诱惑而抛弃正事，造成拖延。比如受到游戏诱惑，专心致志地打游戏，而置老师布置的家庭作业于不顾。

总的来说，增强孩子的自控力是解决孩子做事拖延的重中之重，那么，身为父母，我们能做些什么呢？

（1）强化好奇心

好奇心是儿童行动的最原始驱动力，我们不但不能破坏孩子与生俱来的好奇心和探索欲，还要鼓励他们这么去做，并让他们保持对新鲜事物的好奇，有意识地培养其勇敢、无畏的探险意识。比如当孩子有什么突发奇想时，不要强硬扼杀，应鼓励孩子去试一试，这有利于帮助孩子养成迎难而上的行为习惯，对克服思维惰性，跳出固化思维有很大帮助。

（2）强化行动力

尤其是对于那些"想得多做得少"的孩子，强化行动力的办法非常有效。想得越多的孩子，拖延的情况往往就会越严重。如果人总是处于一种空想或思虑状态，那么自然就会变成"思想上的巨人，行动上的矮子"。在现实生活当中，空想与拖延往往是一对双生姐妹花，如果做事总是瞻前顾后，前怕狼，后怕虎，那么行动自然难免拖拖拉拉。提高行动力是战胜思维惰性的有效办法，我们不妨有意识地去强化孩子的行动观念。"不去做怎么知道结果?""想法超棒，应该赶紧行动起来，以免被别人抢先呀。"可以多用这类话语去鼓励、引导孩子。

（3）给孩子支配权

有些父母给孩子安排的事情太满，写完作业要学英语，学完英语又要做奥数题……孩子效率越高，父母给压的担子越重，如此一来，不少孩子就学会了用"拖延战术"为自己减负。为了避免这种情况，同时提高孩子立即做事的积极性，要给孩子一定的自由支配时间。布置固定的任务，如果孩子能提早完成，则剩下的时间可以让孩子自己自由支配。如此一来，孩子们自然愿意有事赶紧做，做完好去快乐地玩耍。

5．十分有效的"放弃训练"与"克己育儿法"

在弗洛伊德的学说中，人格结构由三大部分组成，即本我、自我和超我。所谓本我，就是本能之下的人格结构，此时所有的需求完全来自人的潜意识，如刚出生的婴儿所表现出的需求。本我的目的只是为了满足人的生物本能，如饿了就要吃、困了就要睡等等。本我的需求总是需要在第一时间被满足，所以说刚刚出生的孩子基本上没有忍耐的能力。

所谓自我，就是指人类通过后天的学习逐渐发展起来的人格结构。自我是本我和现实的调节者，既有感性的成分，也有理性的成分。自我反映出孩子的理解、学习、思考、推理能力。自我的需求是为满足本我的需求而寻找有效的途径，如一个三岁的孩子饿了，不会像一岁的孩子那样哭闹，而是会告诉父母他饿了，想要吃什么。时间久了，家长对孩子的喜好就能很清楚了。随着自我的不断完善，孩子就能很好地控制本我，学会放弃与等待。

所谓超我，是指有道德标准的人格结构，它从自我发展起来，有严格的道德底线，它是社会、学校、家庭共同影响下的产物，由文化、价值观、理想组成。

对于幼儿而言，需求只是为了满足本能，从而家长无须克己，应该第一时间满足孩子的需求。而对于一岁以上的孩子而言，他们的需求不再是单纯地为了满足本能的需求，所以家长需要克制，视情况而定。因为孩子的理解力有限，当他们做了不好的事情时，家长如果不明确表态，孩子本身是无法区分好坏的。因此，家长需要亮出自己的底线，让孩子尽早适应自己的底线。

有的父母不能克己，一味迁就孩子，没有任何底线，只要孩子高兴，怎么做都可以，如给孩子买很多玩具，甚至孩子不要也会主动买，因而培养出了自控力差的孩子。

所以，想要培养出自控能力强的孩子就需要不断训练孩子。那么，父母具体应该怎么做呢？

（1）十分有效的"放弃训练"

很多时候，孩子提出的需求是合理的，但没有必要在第一时间进行满足。这时家长就可以采取"放弃训练"的方式，训练孩子的自控能力，如当孩子提出要妈妈陪自己玩一会儿时，妈妈可以说："我目前正在做一件很重要的事情，等做完了再陪你玩好吗？"当孩子看到一件喜欢的玩具要求家长买时，家长可以告诉孩子："计划用的钱已经用完了，只有等到下个月才能买。"对于这些并非本能的需求，家长完全可以让孩子慢慢学会放弃，逐渐学会忍耐与等待。

当然，如果家长认为孩子的要求不合理，那就果断拒绝，坚决不能让步，如孩子通过暴力的方式抢夺其他小朋友的食物、对长辈讲话大吼大叫等，家长就要果断制止，告诉他们这样做是不可以的。这样，孩子就能逐渐学会放弃，知道哪些事能做、哪些事不能做了。对于孩子来说，适应放弃肯定会有不愉快的感受，所以可能会不听话。这个时候，家长不要呵斥孩子，更不要动手打孩子，要耐心地反复训练，慢慢地就会有效果，孩子就能成功控制自己了。

（2）十分有效的"克己育儿法"

一位心理专家接待了这样一位被她的孩子伤透了心的母亲。

心理专家问："孩子穿衣服的时候拉不上拉锁，您是不是不再给他买带拉锁的衣服了？"母亲点了点头。专家又问："孩子第一次做饭烫伤了手背，您是不是不再让他靠近灶台了？"母亲点了点头。专家接着问道："孩子第一次整理自己的衣柜用了一上午时间，您指责他了，对吗？"这位母亲愣住了，不解地问道："您是怎么知道的？"专家笑着答道："从那条拉锁那里知道的。"母亲又问："那我该怎么办？"专家说："一如既往，当他生病时，您带他去医院；当他毕业时，您帮他找好工作；当他结婚时，您帮他准备好新房；当他有孩子后，您帮他照顾。总之，当他有任何麻烦时，您都帮他解决。这是您最好的选择。"

事例中的专家从侧面点出了这位母亲在教育孩子方面的不理智以及盲目地照顾孩子，实则只是自身无法理性地克制自己，而这会连累孩子成为一个没有独立生活能力的人。很多家长在孩子成长的道路上都不能理性克制自己，他们打着爱孩子的旗号，却做着伤害孩子的事情，这就是家长的"不克己育儿法"。在这个育儿法的教育下，孩子被剥夺了锻炼各种能力的机会，从而也失去了培养自控力的机会。

6．一定要尊重孩子的意愿和选择

在心理学中有一个效应叫作"霍布森选择效应"。这个效应是指在没有选择的情况下做出的选择。今天的很多父母就是让孩子在没有选择的情况下做出选择。但是，如果一个人的选择空间非常有限，那么思维就会局限于一定范围，其想象力和创新力也会因此而受到局限。也就是说，如果不能随心所欲地在众多选择中选择自己最想要的，那么一个人将很难进行创造性的学习、生活和工作。

麦库的父母都是世界上知名的物理学家。他的父母希望自己的孩子能够继承其科研事业，也能够成为物理学界卓有成就的人。麦库的父母在他很小的时候就给他灌输各种物理知识，但是麦库却对此并不感兴趣。无论父母采取什么样的方法，他都难以把自己的热情投入到物理研究上面。

后来，麦库对经商产生了兴趣，但是父母对此却不以为然，没有办法，他只能在夜里偷偷地学习有关商业及商业管理方面的知识，几乎到了如饥似渴的地步。大学毕业后，麦库和父母进行了长谈，说服父母放弃了对他在物理上的要求，但是父母拒绝给他经商提供帮助。

麦库靠着自己的努力在商界进行打拼，若干年后，积累了丰富的商业知识的麦库终于在商场上有了自己的一席之地，成为英国首屈一指的房地产大亨。

父母总是希望自己的孩子能够继承自己的事业，或者是希望孩子在自己所从事的行业工作，但是他们没有想过这严重限制了孩子的发展。假如天下的父母都按照自己的想法来控制孩子，那么相信这个世界上将会少很多优秀的艺术家、成功的生意人；如果父母总是希望孩子按部就班，做大人认为正确的事情，那这个世界上将会少很多创造性的成果。

在孩子一些喜好的选择上，或者是学习兴趣的选择上，如果孩子的做法无关道德和法律，父母就应当尽可能让孩子自己做出决定。父母根据自己过往的经验，给孩子提出一些建议，但是不要干涉孩子的最终决定。即使父母再了解孩子，但孩子自身的喜好、关注点、特长是没有人比其自己更清楚的。只有发自内心的决定，才能让孩子用尽所有的精力去为之努力。

良好的家庭教育不应当扼杀孩子的意愿和选择的权利，更不应该用所谓的标准或者是成功之道来规定孩子今后的发展方向。孩子通过家庭的熏陶与影响，能够拥有更多的选择机会，较早地知道自己今后的发展方向，这样父母就可以安心了。

这就好比一片土地，虽然种水果要比种粮食的单品种利润高，但是在这片土地上粮食的产量却远远高于水果。所以，最佳的选择当然是种粮食，薄利多销，最终的利润也会高于种水果的利润。

尊重孩子的意愿，多给孩子自由选择的权利，虽然听起来很简单，但是很多家长却做不到。即使给了孩子机会，也无法洒脱地接受孩子的选择。父母早已经习惯严格地管理自己的孩子，生活中的一些小事尚且不肯对孩子放手，更何况是关乎孩子未来的人生大事。

父母应该明白，自己的选择不一定是正确的。在平时的生活中应该对孩子放开手，给其充分的自由。孩子虽然小，对外面的世界没有充分的了解，但是他们也有自我意识，不愿意任由父母安排。

给孩子选择的权利，甚至放心地让他们去决定自己的人生之路该如何走，这样，父母既能保护孩子对某一事物的兴趣，又能让孩子在兴趣中发挥出自己的创造精神和无限的潜力。最终的结果，也许会比父母原本的安排更好。

7. 强化效率观念：高效是卓越的保证

"我家孩子根本没有时间观念，八点上学，都快九点了还没出门，人家不仅不着急，而且还开开心心、蹦蹦跳跳地蹿来蹿去，真是又急又气、哭笑不得。"

"三心二意真是个糟糕的习惯，我家儿子一边吃饭一边玩，吃个饭都要至少一小时，洗澡也是这样，没有一小时根本结束不了，孩子干什么都超级没效率，一直这么下去，可怎么办呢？"

"我家薇薇简直是个话痨，吃饭时不停地讲话，写作业时也是安静不到三分钟就开始叽叽喳喳，明明二十分钟就能写完的作业，她四十分钟也不见得能写完，因为都在断断续续地说话。"

…………

相信家有学童的人对上述这些情形并不陌生。纵观那些古今中外的名人，近看孩子班里、学校里的学霸、佼佼者，哪一个不是做事超级有效率的人呢？只有进取心，没有做事效率，又怎么可能成为一个真正的"卓越者"呢？

儿童在三岁之前是没有完整的时间观念的，他们都是凭借自己的本能来安排自己的活动，饿了就吃，困了就睡，想玩就玩，不想玩就安静待会儿。从进入幼儿园开始，小朋友开始学习了解有关"时间"的知识，并逐渐建立起自己的时间观。而效率则是比"时间"更复杂一些的东西，只有当孩子的时间观念趋于成熟时，他们才能更好地理解效率。

不过凡事过犹不及，太强调"时间"和"效率"，而忽视儿童自身的发展规律也是不可取的。心理学研究发现，孩子年龄越小，其注意力集中的时间就越短，让一个十岁的儿童集中注意力学习一小时是非常不可取的，成年人注意力集中一次也只有五十分钟左右，所以千万不要让孩子持续学习太久，否则时间越长，注意力就越下降，反而会造成学习效率低下，甚至让孩子产生厌学情绪。科学的办法应当是劳逸结合，学习一会儿后就要休息放松一会儿，具体时间安排，应当根据孩子年龄以及注意力情况来确定，不可搞一刀切。

虽然孩子三岁之前没有清晰的"时间观念"和"效率观念"，但这并不影响我们培养和训练孩子的做事效率。科学研究发现，对孩子时间和效率观念的培养和训练越早越好，毕竟人的很多行为都是由习惯支配的，一旦我们在幼小的孩子心中树立起了"雷厉风行"的做事习惯，那么孩子自然会将这种行事作风延伸到后来的学校学习当中，乃至成年后的工作中。

那么，父母为此可以做些什么呢？

(1) 和孩子比速度

这是一个非常好的办法，不仅能直接有效地提升孩子的做事效率和时间观念，还可以让亲子关系更加和谐、亲密。我们可以根据不同年龄的孩子确定不同的"比速度"项目，年龄幼小的孩子可以比赛搭积木，大一些的孩子可以比赛收拾书本，比读书速度，比跳绳、跑步速度等。

此外，还可以针对具体问题具体设计游戏项目。比如，如果孩子吃饭拖拉，总是一边吃饭一边做其他事情，那么就可以比"吃饭速度"。需要注意的是，吃饭过快不利于消化，家长要注意"度"的把控，可设定一个适宜的时间点来进行速度比拼。

(2) 一次只做一件事

专注是高效率的重要保障，要想让孩子利用好时间，就必须要杜绝三心二意，要养成一次只做一件事的专注习惯。我们可以通过生活中的锻炼来促使孩子养成一心一意的习惯，不管是穿衣、吃饭，还是游戏玩耍，都要引导孩子一件一件地做，吃饭的时候就不要玩，跑跳玩耍的时候就不能吃东西。久而久之，在父母的引导和潜移默化的影响下，孩子就能养成一次只做一件事的好习惯。

（3）统筹方法很重要

统筹方法相对比较抽象，通俗地讲，即做事情的顺序将直接影响整体的效率和时间，我们只有把事情的先后顺序理清楚，才能找到最快速、最高效解决问题的办法，从而事半功倍。父母可以通过与孩子分工的方法来帮助他们建立"统筹感"，比如洗澡的时候，父母去放水、调水温，让孩子去拿自己的拖鞋、毛巾。

此外，不少生活上的事情都可以采取限时的办法，比如计时做家务、计时挑选超市商品等，由于时间比较紧迫，这会促使孩子去思考，怎样才能找到最省时的办法，再加上父母的引导，孩子就能够探索出比较科学合理的统筹方法了。

第四章

有边界，才自由：如何养育自信又自律的孩子

1.“熊孩子”为什么那么“熊”

在公共场所经常会看到这样的“熊孩子”，孩子想要某个玩具，家长不给买，孩子便坐到地上哭闹起来。最后家长气急了，扔下哭闹的孩子独自离去。孩子见家长离开，又哭着在后面追……

其实，孩子之所以会如此，是因为其自我管理能力较为缺乏。作为孩子，他们不懂得根据所处的环境来调整自己的行为，抑制不合时宜的心理冲动，看到想要的东西往往不愿意等待，总是希望立即拥有。在这种心理冲动的驱使下，孩子的“熊”行为便会表现出来，如乱发脾气、任性、没有耐心、注意力不集中等等。这些都是孩子不适应社会生活的典型表现。

浩浩从小便生活在爸爸妈妈身边。由于浩浩的爷爷奶奶常年在外地生活，所以浩浩对爷爷奶奶的感情非常淡。

浩浩的妈妈非常宠爱浩浩，因为宠爱孩子还引起了一场家庭风波。原来，有一次，浩浩的爷爷奶奶来到浩浩家过春节。爷爷奶奶常年看不到孙子，见到孙子就喜爱得不行，总是想抱抱孩子。可是，浩浩和他们不熟悉，总是拒绝爷爷奶奶靠近自己，更别提让他们抱了。就这样，两位老人不远千里来到日思夜想的孙子身边，原本以为能够一享天伦之乐，谁承想竟然是这样一种尴尬情况。因此，老人有些着急，尤其是爷爷，为了能够抱一下小孙子，竟然采用了强制手段——硬生生地抱起了孩子。

浩浩哪里受过这些，他立即大闹起来。情急之下，孩子竟然动手打了爷爷。这下可激怒了爷爷。爷爷不能接受浩浩不尊重老人的行为，认为孩子没有被教育好，应该教训一下。于是，他一把摁住孩子的小手，快步向远处走去，让孩子离开母亲的视线。在一个看不到爸爸妈妈的陌生地方，面对着既陌生又有些生气的爷爷，浩浩害怕极了。爷爷的教训行为完成得非常顺利，没过一会儿，孩子便被抱了回来。

看到妈妈的一瞬间，浩浩哇的一声哭了起来。看着儿子被吓坏的样子，浩浩妈妈有些不高兴了。她认为孩子这么小，又没在老人身边，同老人有些疏远也是可以理解的。可是，浩浩爷爷却非要抱孩子，结果惹怒了孩子，孩子只是轻轻地打了爷爷一下，老人家就这么吓唬孩子，有些过分。就这样，浩浩妈妈和浩浩的爷爷奶奶之间产生了分歧：老人认为浩浩妈妈太溺爱孩子，浩浩妈妈认为老人不够喜爱孩子。

此事例中，浩浩的行为肯定是不对的，即便再不愿意、再不高兴，动手打人的行为也是错误的，家长需要立即制止并进行教育。浩浩的这种行为是典型的缺乏自我管理能力的表现。在现实生活中，像浩浩这样的"熊孩子"还有很多很多。

那么，"熊孩子"为什么会这样"熊"呢？追根溯源还是在于家长的不当引导。孩子的这些"熊"行为在三岁之前就会显露出来，如有的小朋友会动手打父母、爷爷奶奶。这些行为在孩子看来没有什么对错之分，因为他们还小，还不懂。可是家长应该懂，当孩子做出这些不正确的举动时，家长非常清楚孩子做得不对，应当制止。可是，很多家长总是以"孩子年纪还小，管他他也不懂"为借口而放任孩子的错误行为，给孩子留下"这样做也是可以的"的印象。久而久之，一个"熊孩子"就在家长的纵容下形成了。

那么，该怎样杜绝"熊孩子"的产生呢？

我们简单了解一下孩子的自我控制系统。孩子的自我控制就是孩子对自身情绪和行为的主观掌控，这是一个非常复杂的心理结构，是孩子通过自主调节而使自己与社会相融合的能力。这种能力常常表现为：遵守规则，按照规则办事，根据所处的环境调整自己的言行，等等。这就是孩子的自控能力。

孩子自控能力的大小，对孩子今后的成长至关重要。如果孩子缺乏自控能力，就会导致早期的很多"熊"行为，就像前面列举的"熊孩子"一样。不仅如此，如果任由孩子一直这样"熊"下去，还会诱发很多高危行为，如吸毒、犯罪、酗酒等等。因此，家长一定要注重对孩子自控力的培养，杜绝"熊孩子"的产生。

2.忍耐："零忍耐"并不是个好现象

在现实生活中，我们经常会见到很多人在经历失败之后就一蹶不振，从此消沉下去。他们抱着"破罐子破摔"的消极心态，过起了"爱咋咋地"的日子。这种消极心理被称为"绝望心理"，通常是指人在遭受挫折之后非常无能的表现。这种无能的举动源自他没有强大的忍耐力，不能忍受挫折的打击，故而选择了放弃反抗、放弃挣扎，最终放弃自己。

对于孩子而言，零忍耐不是好现象。在孩子未来的生活中，忍耐是一种非常重要的能力。能忍他人不能忍之事，就能成他人不能成之事。如果一个孩子不能忍耐，那么这个孩子注定一事无成。因为，当人类的生命朝着一个目标奋斗时，这个生命必然会遇到很多很多艰难险阻，需要这个生命具有忍耐精神才能排除万难，克服险阻，最终抵达目的地。

在一个阳光明媚的下午，徐敏漫步在美丽的校园里，不禁想起了自己的求学经历。

在他还只有十几岁时，父亲便去世了，母亲靠着帮别人卖菜的微薄收入维持着家里的生活和其上学的费用。所以，小小年纪的徐敏每天放学后都会一路小跑着回家帮助母亲做家务。尽管日子过得很苦，但是徐敏从来没有想过退学。生活的不公反倒激发了徐敏的斗志，他立志要做一个成功的人。

无数个早晨，当徐敏睁开蒙眬的双眼时，总能看到瘦弱的母亲独自一人在黑漆漆的院子里整理着一袋袋沉重的蔬菜，那是母亲每天凌晨时分去蔬菜批发市场批发回来的货。看着原本年轻、漂亮的母亲渐渐变得苍老，徐敏的心很痛，这种痛让他有种窒息的感觉。但是，徐敏要忍耐，也必须学会忍耐，忍耐着一切苦难。

终于，皇天不负有心人，徐敏和母亲的付出换来了北京大学的录取通知。在接到录取通知的那一瞬间，徐敏流下了眼泪，他说："我不怕吃苦，我能忍，可是我害怕看到母亲吃苦。"是呀，很多年了，这个孩子不仅仅需要忍受自己经历的苦难，还需要忍受亲人经历的苦难。百忍成金，百炼成钢，徐敏的忍耐换来了成功的喜悦。即便之后的路依旧困难重重，但是已经阻碍不了徐敏前进的步伐了。

人的忍耐力是无极限的，同时又是相当脆弱的。当人遇到挫折时，尤其容易放弃，甚至是轻生。研究表明，没有忍耐力的人更容易在受到挫折之后选择放弃，他们的心理承受能力很差，遇到挫折时比其他人更容易产生绝望的消极情绪。只有那些有忍耐力的人才能在挫折中学习、总结，树立自信。

作为家长，锻炼孩子的忍耐力，应从以下几个方面着手：

（1）杜绝有求必应的育儿经

对于孩子的请求，除了个别必须立即应允的之外，其余的能拒绝就拒绝，拒绝不了就推迟满足的时间，以此来锻炼孩子的忍耐力。

（2）杜绝全程贴身式保姆育儿

家长要理性，孩子的事情让孩子自己做，不要代为处理。我们是孩子的父母，有教育引导孩子成才的重要使命，不能一味地宠爱孩子。那只会害了孩子。

（3）不要给孩子太优越的生活环境，要让孩子经历一些苦难

俗话说："穷人家的孩子早当家。"苦难的生活是一部很好的教育图书，能加速孩子的成长、锻炼孩子的忍耐力、明确孩子的奋斗目标。研究表明，那些经历过磨难的孩子更清楚自己想要什么，更能为目标而努力奋斗。

当下，经常会听到有些孩子炫耀："我爸爸是老板，我家很有钱，看我穿的衣服全是名牌。"周边的孩子立即便会投去羡慕的目光。有钱有势成了孩子炫耀的资本，甚至在很多家长心里都会觉得"有钱人更高贵一些"，这是多么可悲的事情呀。家庭的贫贱与孩子无关，父母再有能力也不代表孩子就高人一头。家长要正确引导孩子，在孩子没有成功之前，他始终只是一个一无所有的奋斗者。

忍耐让孩子学会成长，忍耐让孩子走向成熟，忍耐是孩子一生的财富。每个孩子的人生都是一个漫长的奔跑过程，在这个过程中，有汗水、有痛

苦、有疲惫、有分离、有失败……需要孩子学会忍耐。忍耐的过程是苦涩的，而忍耐的结果却是美好的。

3. 放弃，也需要强大的自控力

人生中的每一次前进，都如逆水行舟，需要经历很多磨难；同样，人生的每一次放弃也不容易，正如下坡路上高速下滑的车辆，需要急踩刹车才能停下来。放弃需要强大的自控力。漫漫人生路，总是充满着追求与放弃，没有放弃何来追求，放弃是人生必须拥有的智慧。

放弃并不意味着失去。放弃原本不适合我们的，才能追求更好的。如果说追求是孩子前进的船，那么放弃就是帆。只有懂得了放弃，前进的船只才能扬帆远航。

可乐的妈妈是位有智慧的母亲，在可乐很小的时候，她就懂得训练孩子放弃的意识。

在可乐刚刚开始有些意识的时候，妈妈便严格按照合理的时间段喂养孩子，不到时间，无论孩子怎么哭泣也不会喂孩子的。很多人都不能理解可乐妈妈这种行为，认为可乐真不幸，拥有这样一位狠心的母亲。

渐渐地，孩子长大了一些，开始喜欢看动画片。但可乐总是喜欢边看电视边吃饭，这个不好的习惯是可乐在奶奶的照看下养成的，因为可乐在看电视的时候注意力很集中、很乖，这时候喂他吃饭非常容易。可乐妈妈发现了孩子的这一不良习惯后，立即开始改正，她坚决要求孩子一次只能专心做一件事情，不能同时做两件事情。可乐妈妈采取的措施依然是放弃训练。每当可乐要求边看电视边吃饭时，可乐妈妈都会让可乐做出选择："可乐，你是选择看一集动画片之后再吃饭呢，还是选择先吃饭再看动画片呢？"

可乐会选择先看动画片再吃饭。妈妈同意了，她会耐心地等待可乐看完动画片之后再让他专心地吃饭。久而久之，可乐改变了边看电视边吃饭的坏习惯。

在这个事例中，可乐妈妈的育儿方式非常正确。她让孩子在改变坏习惯的同时，学会了放弃——放弃吃饭或是放弃看动画片。

有舍才有得。舍弃是一种智慧，更是一种胸襟。舍弃需要孩子有强大的自控力。不对孩子进行放弃训练，孩子就永远不知满足、不懂自控。这样的孩子长大之后，不仅会性格霸道，而且会心胸狭隘。作为父母，对于孩子不正当的要求，不要无限制地予以满足，应该懂得适可而止。被拒绝的孩子可能会产生抵触心理，但是他们不得不学会放弃。放弃是人生中最重要的课程。在日常生活中，家长需要不断地重复这种放弃的训练，以此来培养孩子的舍弃精神。具体方法如下：

（1）让孩子学会放弃，从婴儿时期开始

当孩子呱呱坠地时，父母就要开始有意识地训练孩子学会放弃，这样有助于孩子自控能力的提升。很多人不理解，放弃怎么会与孩子的自控能力有关呢？其实，婴儿时期是培养孩子自控能力的最佳时期。如果总是采取"孩子想做什么就做什么"的育儿方法，孩子大脑中枢中自我控制的部门将会缺乏必要的刺激，孩子就会养成任性、不懂得放弃的习惯。

（2）让孩子学会放弃，从拒绝孩子开始

当家长面对孩子时，要学会控制自己，对于孩子的不合理请求要狠得下心来予以拒绝，不要担心孩子会哭泣，培养孩子良好的生活习惯和性格才是最重要的。久而久之，孩子便能意识到，世界上的很多事情不是完全按照自己的意愿发展的，孩子需要适应规则，学会控制自己，放弃心中的欲望。

（3）让孩子学会放弃，从放手开始

孩子在父母的身边永远都不会长大，他们总会或多或少地依赖父母。只有让孩子独立面对社会，经历风雨，经历失败、磨难，孩子才能长大，才会清楚地认识到，有些不正确的东西必须舍弃，必须遵守规划。让孩子撞撞南墙也不是什么坏事情，这是让孩子学会放弃的最好课堂。

"月有圆缺，人有得失。"错过了花朵，会收获果实；错过了阳光，可以欣赏星光。舍弃是一种智慧，面对纷杂的世界，家长应该教会孩子做到"知其可为而为之，知其不可为而弃之"，把有限的生命投入到更有意义的事情上。

4. 打架斗殴，父母究竟该如何控制

著名文学家老舍先生曾经说过："一时的怒气，往往会使人的行为失于偏急。"不受自控力约束的行为是冲动的，具有很强的不理智性和破坏性，同时对身体健康也有着很强的破坏性。愤怒并不能解决任何问题，只会使事情变得更加糟糕，让自身处于更加不利的位置。

心理学中有种效应被称为"野马结局"，这个效应源自大自然中的一个故事。

在大自然中，有一种非常不起眼的动物叫作吸血蝙蝠，吸血蝙蝠的体积很小，但却是野马的天敌。这个说法总是让人觉得不可思议，吸血蝙蝠无非是吸一点血，这对于强悍的野马而言根本不可能致命，然而事实就是如此。吸血蝙蝠在攻击野马时会用它们锋利的牙齿咬破野马的皮肤，然后紧紧吸附在野马身上。野马在被吸血蝙蝠咬住后，会变得异常愤怒，它疯狂地奔跑、乱蹦，想方设法地想把这些讨厌的小东西从身上甩下去。但是，野马的愤怒不但吓不跑吸血蝙蝠，反而会让自己因为情绪激动而流血不止。

很多野马都因此而丧命。其实，吸血蝙蝠吸的血非常少，根本不足以致命，如果野马能够保持平稳的心态是不会丧命的。真正害死野马的不是吸血蝙蝠，而是野马暴躁的情绪。可以说，野马死于愤怒。

在现实生活中，有很多像野马一样暴躁的孩子，他们动不动就打架，似乎世界上的事情只有用暴力才能解决。面对这样的孩子，很多家长会异常头疼，不知道该怎样控制孩子的暴力行为。有很多家长，也知道孩子的暴力行为是不对的，应该立即制止，但是他们采取了强硬行为——"以暴制暴"，用更加暴力的行为来对待孩子，认为这样可以让孩子害怕、长记性，再也不敢施暴了。

殊不知，他们这种"以暴制暴"的教育方式不仅不能正面教育孩子，反而会让孩子更加认可暴力的作用。即便孩子当时不敢再施暴了，也不是从心

底深处意识到了暴力的错误，而是屈服于更加强大的暴力。而有些家长，虽然不会采取"以暴制暴"的教育方式，却也找不到好的方法来教育孩子。无奈之下，他们开始消极应对孩子的暴力行为，唉声叹气，到处抱怨孩子不懂事、不争气，似乎他们是世界上最不幸的人，上天派这样的孩子来折磨他们。这两种教育孩子的方式都不对，都不能很好地控制孩子的暴力行为。最后，等待孩子的只能是不好的结局。那么，家长应该怎样控制孩子的暴力行为呢？下面列举几种控制孩子打架斗殴等暴力行为的方法。

（1）让孩子承受打架斗殴的后果

有的孩子缺乏控制能力，产生了愤怒情绪之后只能通过打架斗殴来发泄。在这种情况下，家长不要护犊子，一定要让孩子承受打架的后果。如孩子在学校与同学打架斗殴，老师会批评教育，作为家长，此时此刻一定要配合老师，不能因为老师惩罚孩子而怨怼老师。要让孩子意识到，做错事情之后，没有人会为他们撑腰。

（2）了解孩子打架斗殴的原因，对症下药

孩子的性格有缺陷，情绪排解方式有误，作为家长首先要意识到孩子这种情绪发泄的方式是错误的，然后再详细了解孩子愤怒的原因。找到原因之后，家长要耐心疏解，并为孩子列举一些合理的情绪发泄的方法，让孩子意识到自己的暴力行为是没有任何意义的，唯有正确的情绪发泄方式才能使事情得到圆满解决。

（3）孩子打架斗殴之后，家长一定要批评教育

孩子打架斗殴，每一位家长都会很生气。但是，无论家长多么生气，动手打孩子的行为都是不理智的，也是没有任何意义的。正确的做法是，家长一定要批评教育，批评教育的方式有很多，如让孩子思过、写检查，给孩子耐心地讲道理，取消一些原本已经答应孩子的请求作为惩罚，与孩子谈心，等等。不管家长采取哪种教育方式，一定要让孩子从心里认识到自己的行为是错的。

（4）强化孩子的思想观念，明确孩子的是非观

平日里，家长一定要强化孩子的思想观念，让孩子明白什么是对的、

什么是错的。只有在孩子的心里建好道德防线，才能从根本上规范孩子的言行。

面对打架斗殴的孩子，家长有很多种方法可以帮助孩子，以上四种方法只是其中的一部分，在现实生活中，家长应根据孩子的情况制定最适合他们的教育方法。

5. 用好"放权"与"限权"两大教育工具

教育孩子，有的时候需要"放权"，有的时候需要"限权"——管得太多，孩子会依赖家长；管得太少，孩子有可能走错路。那么，家长到底该怎么用好"放权"与"限权"两大教育工具呢？

王旭今年上二年级了，他特别喜欢打篮球，对乒乓球则一点兴趣也没有。但他的爸爸却是个乒乓球迷，并且还很专横，强迫王旭学习乒乓球。在爸爸的高压下，王旭大部分的课外时间花费在了乒乓球练习上。按照爸爸的意思，王旭一定要成为一名乒乓球选手，代表国家参加奥运会。

可是，王旭一点也不喜欢乒乓球，所以尽管花费了很多时间练习，球技却很一般。正所谓"兴趣是最好的老师"，尽管王旭没有花多少时间练习打篮球，可是他能抓住每一次练习的机会，篮球打得非常好。体育老师几次找王旭谈话，邀请王旭加入校篮球队，但都被他爸爸无情地拒绝了。而几个平日里打球不如王旭的同学都成了校篮球队的主力队员，代表学校参加了市里举办的篮球比赛。为此，王旭非常痛苦。

现实生活中，像王旭父亲这样的家长不在少数。有的时候，孩子就想学习象棋，家长却非要孩子学习英语；孩子想要学习舞蹈，家长却非要孩子学习数学；等等。父母总是打着"爱孩子"的旗帜，将痛苦施加到孩子身上。一个人不能做自己喜欢的事情，却要被迫做别人喜欢的事情，这种事情正发生在很多孩子身上。家长的理想、喜好与孩子无关。生命的价值在于选择，孩子不仅是家长生命的延续，也是独立的个体。他们有权利拥有自己的喜好和理想，同时也有按自己的喜好做出选择的权利。

因此，家长应尊重孩子的选择，不要因为担心孩子选错而剥夺孩子自主选择的权利。一味地替孩子做决断，会使孩子失去锻炼的机会，养成孩子处事犹豫、行事拖沓的不良性格。而这种不良性格，会让孩子失去自我管理的能力，对孩子的成长非常不利。为了让孩子健康成长，家长最好能够适当放手，让孩子自己去处理问题。

当然，过度地放权也是不负责任的表现。

晨晨是家里的"老大"，父母都要听他指挥。早上起床穿哪件衣服他要自己决定，穿哪双鞋子也由他自己决定。这些是孩子独立的表现，爸爸妈妈也一直以此为傲。

但是，晨晨的独立性太强了，就连每天上不上幼儿园都要自己做主。这个权力太大了。今天不想去了就不去了，明天想去了就去，反正家里有人看孩子，晨晨的父母也没有在意过这件事。就这样，一个月下来，晨晨的出勤率还不到百分之五十。

晨晨家长这样的做法是不合理的，他们太过"放权"了，在任何事情上都听孩子的也是不理智的。孩子的思考能力还不足，处理问题的方式还很不成熟，需要家长的引导及约束。因此，家长需要视情况决定是否应该"放权"。这里建议家长给孩子一定的范围，在这个范围里让孩子自行选择，但是不能触碰底线。这样一来，家长既能起到引导与约束的作用，也能锻炼孩子自主选择的意识，下面简单举两个小例子。

情况一：毛毛生病了，需要吃药，可是孩子不爱吃药。

妈妈问："你自己选择，是让刘叔叔打一针，还是等病情变重后输液呢，还是乖乖吃药呀？""不打针也不输液，我还是吃药吧。"孩子回答道。

情况二：毛毛看到小朋友的玩具船，非要妈妈买，但是家里的玩具已经有很多了。

妈妈说："我们不是已经说好了要攒钱、不乱花钱了，准备暑假时去大海边捡贝壳吗？你现在又要花钱，我们就不能去海边捡贝壳了。"

"那算了，我们还是去海边吧。"

在以上事例中，毛毛妈妈的处理方法就非常好，既做到了合理地"放权"，又做到了合理地"限权"，让孩子在自己设置的范围内选择，既约束了孩子的行为，又尊重了孩子的选择。

6. 孩子会自控，家长更省心

总是有很多孩子，由于家长没有答应他们的请求，便任性地倒地打滚儿；总是有很多孩子，和其他小朋友一起玩耍不足十分钟就会动手打人家；总是有很多孩子，家长为了让其多吃点饭便满屋子追着喂；总是有很多孩子，整夜整夜地泡在网吧不回家；总是有很多孩子，十八岁了依旧对家人乱发脾气……

晓东今年十八岁，是一个成年人了。不良的家庭教育"培养"了一个名副其实的问题青年。十八岁的晓东今年谈了第三场恋爱，用他自己的话说："我真的很喜欢她。"看着人高马大的儿子频繁更换女友，晓东妈妈不仅没有批评、指导，反而觉得这是儿子有本事的表现。用晓东妈妈的话讲："我生的是儿子，我才不担心呢。"

这一天，都上午十一点了，晓东才蓬头垢面地从床上爬起来。"妈，早餐吃什么呀？"楼下传来一阵阵搓麻将的声音。"你自己解决吧。"晓东妈妈回答道。"我还是叫外卖吧，这样我还能多睡一会儿。"说完，晓东打着哈欠回房去了。

中午，晓东和女友决定出去吃饭。可他才出去没多久，警察就给晓东妈妈打来电话，原来不知道什么原因，晓东和女友吵起来了。一气之下，晓东用匕首扎伤了女友。突如其来的变故惊呆了所有人。晓东妈妈扔下手中的麻将牌，飞一样地跑到了警察局。看到蔫了的儿子，晓东妈妈连忙询问原因，原来是女友迟到了几分钟，晓东就对女友大发脾气。女友不满晓东在公共场所对自己发脾气就顶了几句嘴，二人你一句我一句竟然闹成了这样。了解到儿子竟然如此冲动，晓东妈妈后悔不已，怪自己没有好好教育孩子。

更不幸的是，晓东的女友经抢救无效死亡。等待晓东的，只有法律的严惩。没过几天，原本年轻漂亮的晓东妈妈一下子白了头，再也不复往日的红光满面了。

事例中的晓东已满十八周岁，是一个具有完全民事行为能力的公民了。按理说，晓东的思想应该成熟了，可是谁能想到这个孩子竟然因为一时气愤而做出了触犯法律的鲁莽行为。

孩子是父母的全部希望。当孩子不成器时，最可怜的就是父母。

当然，也有很多孩子，他们非常优秀，是父母眼中的骄傲、社会的栋梁、家庭的顶梁柱。他们非常有自控力，不用父母操心，总是能够独立处理好自己的事情，可能他们年龄很小，但是他们很懂事，从来不会做出让家长为难的事情来。这样的孩子，是上天送给父母的最好礼物。

培养孩子的自控力是家庭教育的重中之重，有自控力的孩子，能遵纪守法，能控制自己，为了目标而坚持不懈地奋斗，这样的孩子拥有美好的未来。

7．没人喜欢遵守规则，但这是必需的

曾经有记者采访过一位诺贝尔获奖者，记者问这位获奖者："您在哪所大学、哪个实验室学到了您认为最重要的东西？"这位获奖者答道："幼儿园。"获奖者的话让记者很诧异。他接着问道："您在幼儿园都学到了什么？"这位获奖者说道："把自己的东西分一半给小伙伴，不是自己的东西不要拿，东西要整理整齐，做错了事情要道歉，吃饭前要洗手，等等。这些东西都是我在幼儿园时学会的。"

可见，一个人在幼儿园里学会的东西，会伴人一生，这也说明在孩童时期养成的遵守规则的习惯会伴随一个人的一生。

规则是社会生活的基本准则，所有的社会生活都在规则的范围内有序进行，没有规则，生活将无法展开。规则给人们提供的是外在的约束力，不像道德、文明，从内心去约束人们的行动。不过，正是有了这些带有强制性的外在约束力，生活才会和谐、有序地进行。

望子成龙、望女成凤是家长的心愿，为了能够让孩子有一个良好的成长

环境，家长可谓"不择手段"。他们有的给孩子报各种各样的学习班；有的给孩子创造尽可能舒适的学习环境……

有时他们甚至不按规则行事。但是这些家长却没有意识到，不按规则行事对孩子的成长非常危险。孩子在成长中需要自由，但也离不开规则。有了规则的约束，孩子才能健康成长；而不按规则成长的孩子往往没有是非观念，自私自利，凡事以自我为中心，不考虑其他人的感受。

父母爱孩子并没有错，但是父母应该告诉孩子要遵守一定的规则。正所谓"没有规矩，不成方圆"，没有规矩，孩子也不可能健康成长。

第五章

父母效能训练：好孩子是"自律"出来的

1．守时守信，自律力在无形中得到提升

守时守信，自律自强，是一个人成功的基础。

梓轩妈妈是一个非常注重诚信的人，重视培养孩子守时守信的品质，经常在生活的小事上锻炼梓轩。

晚饭后，梓轩吵着要看动画片。妈妈提出要求，每天只能看半个小时的电视。

"好的。"梓轩答应得很痛快。

愉快的时光总是显得那么短暂。很快，半个小时到了，梓轩装作忘了妈妈的要求，继续若无其事地看下去。

"时间到了，去把电视关掉，我们必须说话算话。"妈妈严肃地说道。

"妈妈、妈妈，我再看最后一集就不看了，拜托了。"梓轩可怜巴巴地乞求着。

"不可以，你必须说话算话。事先已经说好了。"妈妈斩钉截铁地答道。

梓轩觉得有些委屈，一副要哭的样子。见到儿子这副样子，梓轩妈妈非常心疼，她抱了抱孩子，说道："好孩子，我们一定要说话算话，你把电视关掉，妈妈陪你玩一会儿，好不好？"

"好的。"孩子还算听话。

孩子就是这样，如果在一开始就帮他们形成习惯，后面就简单多了。现在梓轩妈妈再也不会因为孩子看电视的问题和孩子发生不愉快了。梓轩已经习惯了，每次看电视，不管大人在不在场，只要到了半个小时，他都会主动关掉电视机。

其实，培养孩子守时守信的品质，并没有父母想象中那么困难。孩子的适应能力非常强，只要家长能够和孩子一起度过最初的时光，待到孩子逐渐习惯了，一切就简单多了，只是顺其自然的过程。

那么，父母怎样培养孩子守时守信的习惯呢？

（1）一定要相信自己的孩子

父母对孩子的信任，是给孩子最好的鼓励。在培养孩子守时守信习惯的过程中，父母一定要给予孩子充分的信任，让孩子拥有足够的克制自己的力量。

同时，父母也要坚持以身作则。不能一边要求孩子守时守信，一边自己不遵守所提出的要求。这样的话，无论父母给予孩子多少信任，都不能起到鼓励孩子的作用。

（2）在生活的细节中训练孩子

很多习惯都是在点滴生活中养成的。这样不仅容易做到，而且能够经常做到，只要家长能够坚持下来，习惯的养成是必然的事情。比如，上述事例中，梓轩妈妈不正是利用看电视这样的生活琐事培养出了孩子守时守信的好习惯了嘛。

（3）孩子做得好，就要表扬孩子

为了确保孩子养成良好的习惯，父母必须约束孩子，不能放任自流。但是，约束孩子，其效果又很有限，孩子不心甘情愿地做事情，效果自然不会好。这个时候，父母不妨尝试采取鼓励和表扬孩子的方式，调动孩子的内在动力，自发地守时守信。信守承诺对人生的积极意义是显而易见的，但孩子由于认知水平有限，往往无法理解。因此，家长要多鼓励、表扬孩子，这样更能激发孩子朝着自己期望的方向发展。

2. 坚持到底，在实践中锻炼孩子的自律力

现实生活中，越来越多的孩子缺乏坚持到底的自律力，做事情动不动就半途而废，这样的孩子何谈自控力？父母一直呼吁要提高孩子的自控力，却一次一次地纵容孩子的半途而废，让孩子变成"逃兵"。

"妈妈，我累了。"阳阳蹲在地上说道。

孩子的确是累了，刚刚在公园里玩了好长时间。这样的运动量对于一个只有五岁的孩子而言，的确不小。如果孩子的姥姥在，一定会二话不说地抱着孩子回家。可是，妈妈不准备这么做，她有自己的想法。

　　"阳阳，我们要坚持到底。坚持自己走到家就是成功。"妈妈的话，似乎激起了孩子的斗志。小家伙竟然又站了起来，大步向前走。

　　看着儿子脸颊上的汗水，妈妈终究还是心疼了。"阳阳，你要是真的坚持不住了，就坐在路边休息一下吧。休息好了，我们再走也是一样的。"妈妈主动降低了要求。

　　"没有关系，我能坚持。"听到儿子这么说，妈妈笑了。

　　"阳阳真的很棒，是妈妈有些累了，要不我们坐下暂时休息一下？"妈妈担心真的把孩子累坏了，于是想找个借口让孩子休息一下。

　　"妈妈，我来帮你拎东西，我们要坚持。"儿子一本正经地说道。

　　就这样，母子二人你一言我一语，不知不觉竟然走到了家里。

　　"妈妈，我们成功了，是不是？"儿子兴奋地问道。

　　"是的，儿子，你是一个大英雄。"妈妈说道。

　　众所周知，孩子的自律力是后天培养起来的。在培养孩子自律力的过程中，父母要充分利用现实生活中的点滴小事，锻炼孩子，培养孩子坚持到底的意志力。孩子的自律力不够，原因就在于缺乏意志力。缺乏意志力的孩子，由于其自身意志力的薄弱，不能很好地约束自己，从而错失了很多成才的机会。因此，培养孩子坚持到底的品质非常重要。只有拥有坚持到底的意志力，孩子才能在今后漫长的人生旅途中飞得更高。

　　美国心理学家克莱尔·考普认为，自我控制是一个复杂的心理结构，是一种个体通过自主地调节行为，从而使个人价值和社会价值相协调的能力的反映，这种能力具体表现为：按照要求行事；在社会和教育的环境中，调整自己的言行；在没有外在监督的情况下，能够主动采取被社会所接受的行为方式。培养孩子的强大意志力是教育孩子的重要任务之一。克莱尔·考普还表示，拥有自控能力是儿童早期成长的一个重要里程碑，而且对其今后健全人格的养成及健康成长还会产生深远的影响。

　　坚持到底的自律力是一种影响孩子学习和社交的能力。有自律力的孩子更具有合作精神，不会轻言放弃，他们在学习和生活中更容易获得别人的认可和友谊。他们更喜欢上学，更能适应集体生活，更能理解别人，更能与他人友好相处，因而，他们更容易获得成功。

由此可见，坚持到底是孩子成长中必不可少的重要品质，它能有效地控制孩子的言行。如果孩子缺乏这种品质，不但会导致早期的很多问题行为，如注意力不集中、多动、爱吐脏字、爱打架、不听话、爱闹小脾气等等，还有可能会养成一系列错误的行为习惯和解决问题的方式，比如，暴力、易怒、自私、不守规则、不遵守法律等等。因此，家长必须重视，在实践中锻炼孩子的自律力，培养孩子坚持到底的品质。

3. "不"就是"不"——规矩没有商量

宁宁放学回到家里。"妈妈，我饿了，我需要吃点零食。"说着拿起一袋薯片吃了起来。

妈妈走了过来，拿回宁宁手中的薯片，说道："再坚持一下，马上就吃饭了。"

"我饿了，先吃点薯片，不会吃饱的，吃饭的时候，我会好好吃的。"宁宁拉着妈妈的手，央求道。

"不行，晚上不许吃零食，这是我们早就商量好的规矩。"妈妈坚持不妥协。

宁宁生气了，抬高了音调："为什么这么多规矩呀，饿了吃点东西你都管，我还有没有点自由呀。"

听到女儿这么说话，妈妈也有些不高兴："你怎么这么和妈妈说话呀，这些规矩不是我们一起制定的嘛，那个时候已经给你参与制定的自由了，现在规则定好了，就不能随便违背。况且，这些规则也是为了你的身体健康而制定的呀。"

妈妈的话说得有道理，宁宁听完哑口无言。

妈妈接着说道："如果这一次我答应了，你破坏了规矩，那么有一就有二，很快规矩就是一张废纸，一点约束力也没有了。宁宁，这条规则约束的不仅仅是你一个人，还有我和你爸爸，我们大家在规矩面前是平等的。这样好不好，你先坚持一下，从明天起，我尽量早一点做晚饭，这样你一放学就能吃上饭了。不过，如果妈妈有特殊情况，咱们互相体谅一下，好不好?"

宁宁没有说话，只是点了点头。其实，在她的心里已经认可了妈妈的话，只是出于面子没有向妈妈道歉。

这时，一旁的奶奶走了过来，偷偷递给宁宁一块巧克力。宁宁接过奶奶递过来的巧克力，并没有放进嘴里。"奶奶，我留着明天早上吃吧。"宁宁小声地对奶奶说道。

现实生活中溺爱孩子的家长越来越多，无论孩子提出什么要求，父母总是点头答应，越来越多的家长不会对孩子说"不"，更准确地说是不愿意对孩子说"不"。其实，对于孩子提出的一些不合理的要求，家长是有说"不"的权力的。孩子的自控力不够，需要家长的监督和管制。如果家长发现了孩子的一些不当要求，依旧放纵，这是对孩子的不负责任。因此，该对孩子说"不"就必须拒绝孩子，父母爱孩子，但不要宠孩子。

(1) 引导孩子提合理的要求

父母一定要有底线，不要轻易被孩子"征服"。对于孩子提出的要求，合理的满足，不合理的，要坚决拒绝。否则，日后孩子会提出更多的要求，而且他们的手段也会越来越高明，孩子会紧紧抓住父母的软肋，以哭闹、撒娇、不吃饭等形式逼迫父母答应自己的要求。因此，对孩子必须从一开始就坚守原则，让孩子明白父母是有底线的，说"不"就是"不"，绝对没有商量，无论孩子使出什么招数，从而引导孩子只提合理的要求。

(2) 拒绝孩子的理由要充足，引导孩子体会父母的苦心

父母拒绝孩子时，一定要有充足的理由，并向孩子说明，引导孩子站在父母的角度思考，体谅父母的苦心。很多父母总是说，"拒绝你也是为了你好"，事实上，父母的确是为孩子着想，只是孩子根本不明白父母的用心，也根本听不懂这样的话。因此，父母一定要提出具体的、有说服力的、让孩子信服的理由，从而诚信地向孩子解释。

(3) 说"不"要坚决，不要被孩子的"花招"动摇

很多父母不忍心看到孩子哭泣、失望、委屈的样子，因而无法真正坚持

到底，最后被迫让步，答应了孩子的请求。这样的做法所带来的后果非常严重。孩子会认为只要自己坚持，父母就一定会做出让步，于是越来越过分，提出更多的无理要求，养成索求无度的恶习。因此，父母一定要坚决，不能动摇。

4．跟上时间的步伐，别再拖延

每个孩子对时间的感知分为两个部分：客观时间和主观时间。

客观时间就是钟表上表示的时间。主观时间则是指不同的孩子对时间流逝的内在感觉，如做喜欢做的事情时，会感觉时间过得真快，而做不喜欢的事情时，却觉得时间过得可真慢，太熬人了。这就是主观时间，没有具体的量化标准，却带有感情色彩。

其特点是，对于喜欢的事情，孩子总会觉得时间太短，而对于不喜欢的事情，孩子总是觉得时间太长。事实上，这只是客观时间一样，主观时间不一样而已。

主观时间长了，自然就会产生休息一下的念头，其实客观时间可能才过了几分钟。反复重复几次，拖延的现象就出现了。

拖延会消磨孩子的自制力。明日复明日，孩子的事情总是做不完。因为有"明日"，所以孩子的意志力松懈了，懒惰、颓废就这样成了"敌人"。想要克服这些"敌人"，父母必须培养起孩子的自制力，养成克服拖延的习惯。事实上，只要有足够的自制力，克服拖延，跟上时间的脚步，成功只是早晚的事。

面对有拖延习惯的孩子，家长们不妨尝试一下下面介绍的方法。

（1）培养孩子的时间观念

家长不妨效法学校里的考试，进行模拟生活考试。给孩子规定做事的时间，到了规定时间即使事情没有做完也要停止。久而久之，孩子自然就会养成高效率做事的习惯。即使家长不再规定时间，孩子也会按照原来的习惯，在规定的时间内完成事情。

（2）催促不管用，试试表扬

对于孩子没有时间观念、具有拖延的行为，很多家长只是不停地对孩子喊叫。可是家长越是催促，孩子越是磨蹭。面对这样的孩子，家长不妨尝试一下表扬孩子，利用表扬的特殊作用，调动孩子的积极性，从而摆脱拖延的控制。

（3）检测教育方式，不要溺爱孩子

事实上，很多孩子之所以养成了拖延的习惯，是因为家长的教育方式不对。很多家长溺爱孩子，孩子说什么就是什么。发现了孩子有拖延的毛病，也不肯深究，更有甚者，干脆帮孩子处理掉事情。这样的教育方式，只会让孩子越来越没有自制力，做事情习惯性拖延。"反正到最后爸爸妈妈着急了就会帮我做"，孩子一旦形成这样的思想，家长再想纠正就困难了。

5. 教孩子管好自己的社会性行为

国庆节期间，很多"熊孩子"的行为引发了社会热议。

有的孩子随手乱扔果皮，有的孩子随地大小便，有的孩子在旅游景点的墙壁上乱写乱画，有的孩子骑在名人贤士的雕像上拍照，等等。看到这样的新闻，很多父母觉得没有什么呀，孩子嘛，不懂事，大一点就好了。

是吗？现在依然有很多成年人随地吐痰，明明不远处就有垃圾桶，依然随手乱扔垃圾，甚至有成年人带着狗去海边洗澡，全然不顾其他游客投来的异样眼神。用他们的话说："旅游区的管理员都没有管我带着狗洗澡，你们凭什么管我？"也许你的狗很干净，经常洗澡，但是狗的身上有很多寄生虫这是事实，为什么不能说呀？做出这些行为的都是成年人，他们已经长大了，可是他们的社会行为良好吗？

很显然，培养孩子良好的社会性行为需要家长从小抓起，而且是越小越好。不要认为，这些不起眼的行为对孩子没有太大的危害。很多小朋友之所以人际关系不好，就是因为没有良好的社会性行为。

"妈妈，我决定不和陈子欣玩了。"小溪说道。

"为什么呀，你们不是关系很好嘛？"小溪妈妈问道。

"陈子欣随地小便，搞得我也跟着一起丢人。"小溪说道，"我们两个一起练舞的时候，她嫌厕所太远就在更衣室的角落里小便，还让我帮她看着点别人。我原本不想管的，经不住她一次次的哀求，于是就勉为其难答应了她。结果，后来一位同学进去换衣服的时候，不小心踩到了子欣的小便，被滑倒了，崴了脚。教练就去找清洁工阿姨，责怪清洁工阿姨没有把地面擦干。可是清洁工阿姨非常肯定自己已经擦干了。于是大家一起看录像，结果就看到了陈子欣小便的情景，还看到了我帮她把风。教练把我们俩都训斥了。"

看着孩子委屈的样子，妈妈问道："你是不是觉得很委屈呢？"

小溪点了点头。

"可是那位同学的确是因为你们两个才滑倒的呀。"妈妈说道。

"可是，我是被迫的，我一开始并没有答应帮忙把风呀。"小溪说道。

"所以，你觉得你就没有责任了吗？"妈妈问道。

"不是的，我只是责怪陈子欣，但是我确实也做了错事。"小溪低声说道。

"对呀，不管欣欣怎么央求你，你都应该坚持原则呀。不过这件事你也要引以为戒，在公共场合约束自己，不要给他人带来不便。"妈妈说道。

孩子的思维简单，有些问题考虑得不全面，因此，孩子的社会性行为差，根源在父母身上。父母的教育方式出现了问题，导致孩子形成了错误的是非观、道德观。就说那名带着狗去大海里洗澡的游客，这样一件小事情充分反映了他的家教有问题。虽然没有人能够强制干涉他，但是他的这种不考虑别人的做事风格，注定他在朋友圈、亲人圈、同事圈是一个没有好人缘的自私鬼。有谁会喜欢这样没有素质的人呢？我们的孩子当然不能成为这样的人，孩子即便是不能让所有人喜欢，但至少应该不让人讨厌。

家长要以身作则，给孩子树立榜样，约束好自己的社会性行为，如遵守交通规则、不乱扔垃圾、公共场所不吸烟、人多时排队等等。这些看似不起眼的小事，体现的是孩子的教养问题。

6．放手才能让孩子管好自己的言行

想让孩子管理好自己的言行，自己的事情自己做，父母就要试着放手。父母管孩子，是出于对孩子的爱，是为了让孩子能够健康成长。然而，管理要有度，超过限度的管理不仅不能让孩子健康成长，反而会伤害到孩子，让孩子成为父母手中的木偶。离开母雕的幼雕能够长出坚实的翅膀；离开母虎的幼虎，能够练出一身的本领。那么，离开母亲的孩子呢？

一位成功的母亲是这样教育她的孩子的：

从孩子第一天上幼儿园起，她就开始训练孩子自己的事情自己做，从来不帮孩子穿衣，从来不喂孩子吃饭，孩子上厕所时也从来不帮忙。她允许孩子因为不会穿衣服而花费半天的时间，允许孩子因为吃不好饭而弄得衣服脏脏的，允许孩子因为脱不下裤子而一次次地尿裤子……这样的放手，仅仅持续了一周，孩子就不再状况百出了。由此可见，离开父母的孩子是可以照顾好自己的。

一个周末，孩子要去学习作画。早上起床有些晚了，为了能够快点出门，孩子急急忙忙地收拾着自己所需的用品。而在一旁看电视的母亲并没有过来帮忙，她只是淡淡地提醒了一句："好好检查一下，上课的地方有些远，千万别落下东西。"孩子漫不经心地回答"知道了"，然后就背起书包跑了出去。屋里的母亲轻轻叹了一口气，摇了摇头。果然，上课时孩子发现画笔落在了家里。没有画笔就不能作画，没有办法，孩子只好返回家中去拿。

也许有的人会说这位妈妈太过分了。她明明已经发现孩子忘记带画笔了，竟然不告诉孩子。其实，这位妈妈只是希望通过这件事情让孩子吃点苦头、长长记性，而且自此之后确实再也没有发生过类似的事情。

许多事情就是这样，父母事事替孩子做好，那么孩子就会变成低能儿，永远也长不大。在父母的呵护下，孩子根本就没有机会学会管理自己，因为有父母管。长此以往，孩子就什么也不会做。从这个角度上讲，只有父母放手，孩子才能学会管理自己。

父母需要做到以下几点：

（1）让孩子自己穿衣

从小训练孩子自己穿衣服，越小越好。即使孩子太小没有能力自己穿好，这种自己穿衣的意识也需要孩子从小就有。

（2）让孩子独自整理物品

孩子爱玩，玩具多在所难免。家长不要帮助孩子将满屋子的玩具一件件都收拾起来，而是要让孩子自己收拾。在自我管理的能力中，收拾、整理东西是必备的能力。

（3）让孩子学会安排自己出门所需的用品

对于年龄还小的孩子来说，做好这一点非常困难。我们也不要求孩子做到尽善尽美，但是这个习惯需要孩子从小适应、熟悉、习惯，在点滴的生活小事中及早播种。让孩子学着安排自己出行所需的物品实则就是在播种孩子对自己负责的种子。

（4）即使摔倒，也要让孩子自己走

从孩子学会走路的那一刻起，就放手让孩子自己走路，也许孩子会经常摔倒，但是不要因此而去扶他们，要让他们自己爬起来。老人常说："不磕不碰，孩子就长不大。"的确如此，孩子摔几跤没有关系，这是他们学习走路的必经过程，家长不要代替他们，否则孩子将永远学不会走路。

（5）让孩子独立购物

为孩子购物时，最好让孩子自己挑选，自己去结账。孩子若不懂，家长可以教，一遍学不会就教两遍、两遍学不会就教三遍，甚至一直教下去。这虽不是什么大事，却能训练孩子的沟通能力、分析能力和表达能力。

希望孩子有出息，就要让他们有活力，能够持续不断地学习，要让孩子有一颗强烈的进取心。而进取心不是你牵着他走就能够练出来的。家长需要适时放手，要懂得自己永远都不是孩子的保护伞，且也保护不了孩子。家长应该是孩子身边一双陪伴、牵引他们的手，要放手让孩子去探索、去冒险。这样，孩子才能学会应有的生活技能，学会独立面对生活中的种种磨难。

7. 你还在盲目满足孩子的所有要求吗

不能溺爱孩子，这个道理很多家长都明白，但是真正执行的时候却又是另一种情形了。可以说，大多数家长都无法做到正确地爱孩子，也就是他们很难拒绝孩子的要求。有时候虽然对孩子说了"不"，但却很难坚持到底，最后还是以妥协收场。

这可以说是大多数家长的通病。父母心疼孩子无可厚非，但是过度地溺爱孩子则不可取。如果把孩子比作一位长跑选手，父母则是补给和路标，如果父母一味地赞赏、表扬孩子，而不给孩子指出道路上的险情，那么最后孩子只能是掉进沟里，饱受伤痛，尽管这些父母是出于爱。

所以说，作为父母应该支持孩子的选择，但是对于他们的无理要求则应当坚决拒绝。也许这会让孩子觉得很受打击，但是生活本来就不是一帆风顺的，让孩子经受一些挫折未必是坏事。

邓颖超说过："母亲的心总是仁慈的，但是仁慈的心要用好，如果用不好的话只能适得其反。"因此，对于孩子的无理要求，家长必须学会说"不"。对孩子说"不"，不仅仅是拒绝，也是教育孩子的手段。这些拒绝会培养孩子自立、自律的品质，也会让孩子懂得包容、尊重他人，而这些品质与一个人的成就有着很大关系。

当然，拒绝孩子的无理要求也会让孩子明白，其在这个家庭不是一个特殊存在，父母虽然爱他，但是这种爱是有原则、有底线的爱。而在这种有原则的环境下成长起来的孩子，自制力必定会很出众。

小斌是一个七岁的男孩，乐观而又自律。不过，两年前的小斌却很让人头疼，简直就是一个小魔怪。只要是他想要的东西，爸爸妈妈就必须买给他；只要是他想做的事情，父母就必须答应他。否则他就会大哭不止，甚至躺在地上打滚。看着哭闹不止的孩子，小斌的爸爸妈妈通常会选择妥协。但是一次次的妥协让小斌的"胃口"越来越大，一旦要求不被满足，他就和父母大吵起来。

有一次，小斌和妈妈逛超市时看中了一款玩具，但是家里已经有了一款类似的玩具了。所以，小斌的妈妈就拒绝了小斌。听到妈妈说不买，小斌就大发雷霆，甚至动手打了妈妈几下。又哭又闹的小斌引得周围的顾客纷纷侧目，无奈，小斌的妈妈赶紧买了玩具，带着小斌离开了。

回到家里，小斌的妈妈越想越生气，觉得再不对小斌进行管教，小斌就会越发肆无忌惮。晚饭之后，小斌的妈妈召开家庭会议，商量该如何教育小斌。最后大家一致决定，不能再纵容小斌了，对于小斌的无理要求应坚决说"不"。

在这之后，对于小斌提出的合理要求，他的爸爸妈妈会尽量满足他。而对于那些不合理的要求，小斌的爸爸妈妈则会坚决反对。

有一次，小斌和妈妈在公园里玩耍。傍晚，小斌的妈妈要带小斌回家，但是小斌还想继续留在公园。被妈妈拒绝之后，小斌故技重施，再次哭闹起来。不过这一次，妈妈没有理会小斌的哭闹，而是坚决地说道："时间不早了，必须回家，明天再来玩。"随后，小斌哭闹得更厉害了，但是妈妈却丝毫不妥协，坚持回家。最后，小斌带着一脸泪水和满肚子委屈被妈妈带回了家。

这样的情形出现几次之后，小斌终于发现，自己的哭闹已经没有作用，在父母明确表示不可以之后，自己只能乖乖听话。所以，小斌开始配合爸爸妈妈，不再提无理的要求了。

现在的小斌再也不是那个随心所欲的小斌了，他很懂礼貌，也很有教养，自己的事情能够自己解决的坚决不麻烦父母，同父母相处得也越来越融洽。而且小斌也发现，比起以前来，父母对自己更加尊重了。

对孩子说"不"看上去很简单，但是要做好却并不容易。但是正因为爱孩子，所以更应该教会孩子学会尊重、克制、合作。因此，也就不能无休止地满足孩子的需求，而应该对孩子的无理要求说"不"。因为盲目满足孩子的需求并不是真正的爱，而是溺爱，真正的爱是理智、平等。所以，从现在起，应学会拒绝孩子。

第六章

这样跟孩子定规矩，孩子最不会抵触

1. 赏罚分明，让孩子搞清楚规则

赏是为了激励，罚是为了警醒，教育孩子需要赏罚分明。教育是一门大学问，要达成预期的目的，需要赏罚分明。适度的奖赏是对孩子正确行为的鼓励，有利于增强孩子的自信心；而必要的惩罚同样有助于孩子的健康成长。过度的奖赏会让孩子膨胀，过度的惩罚易让孩子自卑。在家庭教育中，赏罚教育要适度、要分明。

宁宁的父亲是个严父，为了孩子能够成才，对宁宁从严教育。在宁宁很小的时候，有一次与几个小伙伴一起出去踢球。孩子们你争我抢的，一不留神就将邻居家的玻璃打碎了。邻居家的孩子比宁宁他们大上几岁，见到自己家的玻璃被打碎了非常愤怒，不由分说上来就打了宁宁的伙伴。为了维护同伴，孩子们纷纷上前和邻居家的孩子讲道理。他们表示打碎玻璃不是有意的，可以赔偿。然而，邻居家的孩子不肯罢休，不停地踢打宁宁的伙伴。看着小伙伴被打，宁宁终于忍不住了，他一个箭步冲了上去，与邻居家的男孩扭打在了一起。结果，宁宁受了一些轻伤，邻居家的孩子被打得头破血流，送进了医院。

邻居知道后，找到宁宁的父亲，将事情讲述了一遍，并说明了孩子受伤的程度。宁宁的父亲一听宁宁竟然将人家的孩子打伤了，顿时怒火中烧。回到家里，宁宁父亲阴着脸将宁宁叫来训问。宁宁一五一十地向父亲讲述了经过。宁宁父亲闻听打架的起因是宁宁他们先打碎玻璃，接着又将人家的孩子打伤进了医院，再也压不住心中的怒火了，将宁宁暴揍了一顿。第二天，又押着宁宁去赔礼道歉。

尽管宁宁心里有些不服气，但是面对愤怒的父亲，他不敢不服从。可是，这件事情在宁宁的心里却留下了很深的阴影，他对自己的父亲不护着自己的行为不能理解，在心里一点点地疏远了父亲。宁宁的妈妈看出了宁宁的心思。她主动和宁宁的父亲谈了谈，认为宁宁的父亲一味惩罚孩子的教育方式不合理，宁宁之所以做出出格的行为，也是因为保护自己的朋友。在这一点上，宁宁值得被表扬。宁宁父亲认真思考了一下，觉得宁宁妈妈说得有道理。

第二天，宁宁父亲送给宁宁一辆变形汽车玩具。这是宁宁一直想要得到的。宁宁抱着变形汽车玩具，高兴极了。这时父亲说道："这是对你那天勇于保护朋友的初衷的奖赏，尽管你采取的行为是错的，但是已经得到了惩罚。赏罚要分明，错了要惩罚，对的也要奖赏。"听着父亲的话，明明顿时觉得父亲高大了很多。

在大力提倡素质教育的今天，赏识教育成为一大热门话题。孩子听到了太多太多的夸奖之语，然而，赏识教育不是万能的，不能包治百病。一味地赏识会让孩子迷失心灵，听不进任何忠言。孩子只愿听好话，不愿听任何批评，也经受不起一点点的惩罚。在这样的教育之下，孩子不清楚什么事情该做、什么事情不该做，他们弄不清楚规则。要知道，不清楚规则，没有明确的行为准则，孩子就会终日沉迷于自我欣赏之中。而在现实生活中，除了父母外，没有任何人能够永远为孩子提供"赏识"这种"精神制剂"。由此可见，赏与罚应该是家庭教育的两大工具，缺一不可。

教育是一门艺术，有时需要柔软，有时需要强硬。家长只有掌握教育的规律，赏罚分明，才能规范孩子的基本行为。一味地奖赏不能规范孩子的行为，一味地惩罚同样不能规范孩子的行为。只有赏罚结合，赏罚分明，才能让孩子弄清规则、健康成长，帮助孩子走向成功。事实上，家长不要担心惩罚会伤害孩子的自尊心，在孩子做错事情时，他们的内心深处就已经做好了接受惩罚的准备。所以，在家庭教育中，对孩子进行教育时，赏罚分明的方式可能更为有效。

2.专治"动辄发脾气"的王子公主病

最近，刘女士被四岁的儿子搞得焦头烂额。刘女士的儿子叫乐乐，在幼儿园上中班。最近不知道是什么原因，乐乐的脾气变得非常大，稍有不如意的地方就会大发雷霆、大喊大叫，爸爸妈妈和他讲道理，他也听不进去，发起脾气来还会摔东西。要是爸爸妈妈不按照他说的话去做，他还会躺在地上打滚，一直哭闹下去。

对儿子乱发脾气的毛病，刘女士夫妇想了许多办法，他们对儿子好言相劝、谆谆教导；动手打他，罚他面壁思过；责骂、呵斥……但是却没什么效果。

这天，乐乐和小伙伴明明在楼下玩耍。到了吃晚饭的时间，刘女士叫儿子上楼吃饭。回到家里，乐乐马上和妈妈说："妈妈，给我买一辆明明那样的遥控汽车吧。"

刘女士一边盛饭一边说："你不是已经有一辆了吗？"

乐乐却说："我想要一辆明明那样的。"

刘女士一边招呼儿子吃饭，一边说："等明天你爸爸出差回来了，让你爸爸带你去买。"

"不要，我现在就要。"见妈妈没有答应自己，乐乐把饭碗推开了。

"你这孩子，怎么这么不听话，明天让你爸爸买不一样吗？妈妈一会儿还要去上夜班，没时间给你买。"刘女士又把饭碗推到儿子跟前，而且已经有些生气了。

谁知道，乐乐随手一扫，把饭碗扫到了地上，砰的一声，碗摔得粉碎，饭也撒了一地。

看到乐乐乱发脾气，刘女士再也控制不住自己的情绪，拉过乐乐就打了他几下。这下乐乐更不满了，躺在地上打滚，而且还号啕大哭。

看着在地上不起来的儿子，刘女士又急又气，但却无可奈何。

相信许多父母都遇到过刘女士这种情况，也有过刘女士这样的感触——孩子越来越难管；孩子的脾气越来越大，打也不听，骂也不管用。生活中也确实有许多这样的"熊孩子"。

心理学家研究发现，发脾气其实是孩子成长过程中的正常心理表现，即便是再温柔的孩子也有发脾气的时候。因此，家长应该正视孩子发脾气这一现象，以平常心来对待孩子的坏脾气，否则会让自己也紧张、焦虑起来。当然，如果孩子经常无缘无故地乱发脾气，家长则应当注意了，这可能是孩子的心理出现了问题。

在面对孩子坏脾气的时候，家长首先应当采取宽容的态度。当然，宽容不等于迁就，而是说家长应该试着从孩子的角度去考虑问题，了解孩子发脾气的真正原因，然后对症下药、解决问题。如果孩子开始无理取闹，这个时候最好采取"冷处理"的方式，也就是赶紧离开现场，在一旁观察孩子的反应，等孩子完全冷静下来了再同孩子沟通，解决问题。

另外，和处于愤怒中的孩子沟通时，家长还要注意自己的语气及措辞，因为家长的语气与措辞往往决定了事件的走向。生活中，许多家长面对生气的孩子往往会这样说：

你这孩子怎么这么爱发脾气。

这么点小事，你就要发脾气？

你要是再发脾气，妈妈（爸爸）就不爱你了。

以前你不这样，今天怎么这么不乖？

殊不知，这样的话一说出口，只会让孩子更加逆反，甚至出现难以收场的局面。这些话之所以会让孩子更逆反，是因为这些话会让孩子认为："妈妈觉得我是一个乱发脾气的孩子，是在无理取闹。""妈妈认为我的事都是小事，妈妈不关心我。"这些念头会让孩子觉得家长不关心自己，甚至在指责自己，他们当然就会用更大的脾气来对抗了。

因此，在和愤怒的孩子对话时一定要注意语气与措辞。可以告诉孩子，你知道他们一定是遇到了难题才会大发雷霆，然后让孩子告诉你到底是什么难题，并表示可以同孩子一起解决。这样孩子会觉得自己得到了尊重，也就愿意心平气和地沟通了。

当然，对一些原则问题不能有丝毫的妥协，这样做可以让孩子明白规则不能触犯，有利于孩子养成良好的习惯。比如在公共场合大吵大闹、随意打断其他人的谈话、外出做客没有规矩等等。当孩子出现这些行为之后，就要强行终止他们的活动，以此来告诫孩子，这些规则不能违反，否则就会受到惩罚。

孩子乱发脾气是成长中的正常现象，作为家长大可不必为此紧张过度，只要处理得当，孩子乱发脾气的毛病就不难解决。

3. 孩子乱花钱，父母要科学引导

"可怜天下父母心"，作为父母，都想把最好的给孩子，许多家长甚至恨不得把心都掏出来。"为了孩子"甚至成为许多家庭的教育宗旨，家庭的一切都以孩子为出发点。在这种观念的指导下，孩子逐渐养成了任性、自私、花钱大手大脚的毛病。

其实，要真正为孩子好，就应当教会孩子正确的金钱观，而不是一味无节制地满足孩子。也就是说，孩子花钱大手大脚、没有计划，从根本上说责任在家长身上。其实，家长只要改变一下教育方法，孩子乱花钱的毛病是不难根治的。

但是许多家长却并不自知。孩子想要名牌运动服，家长就会尽可能地在自己身上省钱，然后满足孩子的愿望；孩子喜欢昂贵的玩具，家长也会想尽办法加以满足；对孩子的教育更是不敢马虎，各种学习资料、各种学习班，花起钱来从不手软……而这一切都是"为了孩子"这个念头在作祟，仿佛只有给孩子最好的，才是真正为孩子好。

这样的情形对于一些富裕的家庭来说也许不算什么，但是对普通工薪家庭来说却是一个不小的负担，而且这样做也容易让孩子形成错误的金钱观。其实，许多家长也明白这么做并不正确，他们也想过要控制孩子花钱，但是又不忍心，他们总想给孩子最好的，让孩子生活得更幸福一些。另外，有些家长小的时候吃过苦，有了孩子以后就不想让孩子再吃苦，所以就会想尽办法满足孩子的愿望，觉得这样是对孩子好。殊不知，这样教育孩子只会让他们养成乱花钱的毛病。

小斌就是这样的孩子，他的爸爸是出租车司机，妈妈在超市做收银员，收入都不高。但是一家人对孩子可以说是"含在嘴里怕化了，捧在手里怕摔了"，孩子想要什么就给买什么，平时的零花钱也给得很充足。结果，小斌养成了花钱大手大脚的毛病，而且想要的东西一定要买到，否则就发脾气，动手摔东西。

这一天，爸爸妈妈休息，就带着小斌去逛街。在商场，小斌看中了一款玩具汽车，非要买下来，其实这样的玩具汽车小斌已经有两辆了，所以妈妈就没有答应小斌。被妈妈拒绝之后，小斌就躺在地上打滚，任凭爸爸妈妈怎么劝都不起来，引得商场里的人纷纷侧目。

没有办法，小斌的妈妈想要强行把小斌带走，就在妈妈要拉小斌起来的时候，小斌用力踢了妈妈一脚，差点把妈妈踢倒。看到小斌居然对妈妈动手，小斌的爸爸上前拎起儿子，就给了他两巴掌。从来没被父母打过的小斌一下蒙了，然后就被爸爸这么拎着走出了商场。

这次事件之后，小斌的爸爸妈妈才发觉，自己一直以来无休止地满足儿子的做法是错误的。好在他们发现及时，在这之后两个人开始有意识地控制儿子的零用钱，也开始教导儿子如何有计划、合理地用钱，让小斌逐渐建立起了正确的金钱观。

最近，小斌的学校要给山区的贫困儿童捐钱，小斌就拿出自己平时攒下的零用钱捐了出去。钱虽然不多，但是却让小斌开心了很长一段时间，因为他觉得这样用钱才最有意义。

现在许多孩子乱花钱的现象，其实折射出了一个个家庭对孩子理财教育的不恰当，也可以说是家庭教育的一个盲点。由于许多家长都没有给孩子灌输正确的金钱观，而是一味地满足孩子，结果就刺激了孩子在金钱方面的欲望。当父母无法满足他们的时候，他们很可能会走上歪路。

事实也确实如此，有些孩子有着盲目攀比的风气，他们不懂得节俭，乱花钱、随意浪费的现象随处可见。以同学生日为例，可以说一个比一个讲排场，会餐、唱歌……以及给同学的生日礼物，动辄成百上千元，表现出来的"老套"让一些成年人都瞠目结舌。要知道，他们还根本不会挣钱，但是花起钱来却毫无节制，这不能不引起家长的重视。

作为家长，如果想让孩子在以后成为一个有正确金钱观的人，就要从小锻炼孩子合理地支配自己的金钱，帮助孩子制订合理的用钱计划。

4．隔离反省法：让"熊孩子"迷途知返

在孩子成长的过程中，犯错误是在所难免的，有时候甚至会出现让父母气愤难耐而又无可奈何的情况。当孩子犯了错误，家长就要对孩子进行必要的惩罚，这样才会让孩子不再犯同样的错误。不过，对孩子的惩罚一定要掌握好度，否则便会在孩子的心中留下阴影。

对孩子的惩罚如果不当，一般会引起两种结果：一种是孩子对父母生出逆反心，会出现反叛、不听话等状况；还有一种情况是孩子虽然不会心生不满，但是会滋生不思进取的心态，变得"破罐子破摔"。

以前的教育讲究"棍棒底下出孝子""不打不成器"，教育手段可以说是既简单又粗暴。这样的教育方式也确实培养了一批"踏实""安稳"的"好"孩子，但是也有许多孩子的个性被"打"没了。

孩子的成长是一个个性、创造性、心理健康同时成长的过程，因此对孩子的惩罚教育一定要谨慎。如果孩子不是故意犯错，或者犯的错没有达到一定程度，家长可以考虑不加以惩罚，而是站在孩子的角度考虑一下孩子为什么会做这件事，然后再考虑一下孩子能否通过自己的努力改正错误。如果孩子能够自己改正错误，那就不需要对孩子进行惩罚；如果孩子不能自行改正错误，家长再考虑通过什么方式教育孩子也不迟。

当然，如果孩子的错误比较严重，对孩子进行惩罚教育还是有必要的，不过打骂教育并不值得提倡。在惩罚孩子方面可以采取"隔离法"。就是当孩子有了不良行为之后，就暂时终止孩子的活动，让他们自行反省。这种方法的优点是可以快速有效地终止孩子的不良行为，让孩子迅速安静下来。不过，在用这种方法惩罚孩子的时候，家长一定要控制好自己的情绪。如果家长无法控制自己的情绪，孩子也就不会安静下来反思自己的错误，惩罚也就起不到什么作用。

涂涂今年两岁了，是一个活泼好动的小男孩。由于还没有到上幼儿园的年龄，所以一直是妈妈在家里带着他。

这天，妈妈在客厅收拾家务，涂涂一个人在沙发上玩积木。玩了一会儿之后，涂涂开始用积木丢妈妈。一开始，妈妈把涂涂丢过来的积木捡起来再扔到沙发上，让涂涂玩。但是涂涂越丢越起劲，把积木丢得到处都是。妈妈刚收拾好的客厅三两下被搞得乱七八糟，这让妈妈很生气，就对涂涂说："涂涂，不要再乱丢积木了，妈妈刚收拾好，又被弄乱了。"

但涂涂还是笑嘻嘻地丢积木玩。妈妈走过去，对涂涂说："由于你乱丢积木，把客厅弄乱了，所以妈妈现在要对你实施隔离。"然后妈妈抱起涂涂，把他放在客厅角落里的一把椅子上，并把他手上的积木拿走了。随后拿出一个计时器，定了五分钟，放在旁边。

坐在椅子上的涂涂当然很不高兴，一下子就从椅子上跳了下来。不过妈妈还是坚定地再次把他放在椅子上，并从背后抱住了他。涂涂挣扎了几下，无法从妈妈的怀里挣脱。妈妈对涂涂说："只要你不再跳下来，我就把手放开。"

涂涂挣扎了几下，感到无法挣脱，也就放弃了，不过眼泪却掉了下来。但是妈妈装作没看见，转身去收拾客厅了。五分钟之后，妈妈走过来把涂涂从椅子上抱下来，对他说："知道妈妈为什么对你实行隔离吗？"见涂涂低着头不说话，妈妈接着说道，"那是因为你用积木丢人，这样会把人打痛的，这样做是不对的，如果你下次还用积木丢人，妈妈还会对你实行隔离，不过妈妈希望你以后不要再这样做了。"涂涂点了点头。

在这之后，涂涂再也没有出现过拿东西乱丢人的行为。

这就是计时隔离法，在用这种方法惩罚孩子的时候一定要注意自己的情绪，不能因为孩子不听话而对孩子大打出手。另外，对孩子的惩罚必须是孩子的不良行为已经到了影响孩子成长的地步，而对于无关紧要的错误家长可以不予追究。

总而言之，计时隔离法对孩子是不错的惩罚教育，但是用的时候也要谨慎，惩罚的时间、地点都要仔细考虑好，以免给孩子造成心理方面的创伤。

5. 刻意忽略法：父母要先做自我管理

有些父母总觉得孩子还太小，还没有能力自己处理事情，所以什么事情都愿意帮他们拿主意。事实上，家长的过多干预会影响孩子的成长，会让孩子变得胆小，依赖心加重，性情懦弱，不敢去尝试新鲜事物，不愿意同其他人交朋友，更不会照顾自己。

记得在2014年的时候爆出过这样一则新闻：大连的一个女孩考上了青岛的一所大学，开学之后刚刚过了一周时间，这个女孩就将穿过的脏衣服寄回家让奶奶洗，然后奶奶再把洗干净的衣服给她寄回学校。

据这名女学生的奶奶介绍，孙女的爸爸妈妈工作忙，平时没时间照顾孩子，所以孙女是跟着自己长大的。自己特别宠溺这个孙女，平时什么事情都不让孙女做，即便是孙女自己的衣服，奶奶也没有让她洗过，只想让孙女好好学习，结果使得这个女孩什么都不会做，根本不懂得照顾自己。

直到看到孙女寄回来的脏衣服，奶奶才意识到自己对孩子照顾得太过了，让她几乎失去了独立生活的能力。

这则新闻中的女孩确实有些极端，但是生活中也确实有许多孩子被家长宠着、惯着，养成了衣来伸手饭来张口的习惯，结果根本没有照顾自己的能力。

作为家长，爱护自己的孩子无可厚非，但是过度地照顾、干预不是爱孩子，而是在害孩子。要知道，每个人在成长的过程中都会遇到一些挫折，也会学着去克服这些挫折，只有一次次克服了挫折，孩子才会真正成长起来。可是有些父母过于"爱护"孩子，生怕孩子受委屈，所以会时时刻刻守在孩子身旁，帮他们处理所有的事情。父母这样做，让孩子失去了锻炼的机会，从而也失去了成长的机会。

宁宁今年九岁了，是一个性格内向而又有些胆小的女孩。在学校里，她也不太愿意与同学们一起活动，还很容易害羞。

其实，宁宁上幼儿园的时候并不是这种性格，那个时候她很活泼，也很喜欢同小朋友一起做游戏。不过，有一次在游戏的时候她摔伤了腿，从那个时候起，宁宁的爸爸妈妈对她的照顾就格外小心，总怕她再出意外。

宁宁的爸爸妈妈对她的照顾可以说是无微不至，毫不夸张地说，宁宁打个喷嚏，她的父母都会紧张好一会儿。上了小学之后，宁宁的爸爸妈妈对她的照顾更"细心"了，上学放学会接送，什么家务也不让宁宁做，宁宁做功课的时候他们也是守在旁边，只要宁宁有不懂的，她的爸爸妈妈就会立即帮她解答。

时间久了，宁宁的胆子变得特别小，每天就是家里、学校两点一线，在学校也不同同学一起玩耍，放学后也不下楼和小朋友玩耍，只是待在家里摆弄布娃娃。

有一次，在放学回来的路上，宁宁看到有小朋友在公园里玩轮滑，可能觉得很好玩，就央求父母给她买一双旱冰鞋。谁知道，宁宁刚刚穿上旱冰鞋就摔了一跤。看到女儿摔倒了，宁宁的父母赶紧冲了过来，一边检查女儿有没有受伤，一边帮她脱下旱冰鞋，还说滑旱冰太危险了，坚决不同意宁宁再玩。

生活中有不少宁宁父母这样的家长，他们总觉得孩子还不成熟，还没有能力处理问题，所以就事事代劳，他们认为这样做才能保护孩子不受伤。殊不知，这样做孩子确实不会受伤，但是也失去了锻炼的机会，他们的心智也就停滞不前了。

另外，没有经过锻炼的孩子，其心理承受能力会非常脆弱，如果以后遇到了困难，他们根本就不会有坚强的意志支撑自己去解决困难，只会去逃避。在一次次逃避之后，孩子很可能会把自己封闭起来，不敢去面对挑战，他们的人生也就毁了。

作为家长，应该给孩子独立的机会，自我管理的机会。要想让孩子独立承担属于他们的责任，父母首先应做好自我管理，尽可能不伸手干预孩子的行动，让孩子自己去尝试、去经历，去收获经验和教训。当然，如果孩子走了歪路，家长还是应该帮助孩子纠正的。

6. 一玩游戏就没完，父母该怎么办

近年来，随着科技的发展，尤其是智能手机普及之后，电子游戏越来越风靡，越来越多的孩子沉迷于游戏与网络当中无法自拔，有的孩子甚至过于沉迷电子游戏，以至于荒废了学业。面对电子游戏以及网络带来的负面作用，家长使出了各种各样的招数，但是都收效甚微。为此，有的家长甚至用了简单粗暴的方法——体罚、断网等等，但是这样做不仅没有任何效果，反而让情况变得更加糟糕，如孩子因此出现逃课、去网吧打游戏等情况。面对网络和电子游戏带来的负面影响，很多家长可以说是谈"网"色变、谈"电子游戏"色变。

其实，孩子之所以沉迷于电子游戏、沉迷于网络，不单单是因为网络和电子游戏对他们有着极大吸引力，还有一部分是因为父母。

有些家长，往往只注重孩子的成绩而忽略了孩子的兴趣爱好，这使得孩子感到压抑、烦闷，在父母那里得不到理解，他们就转而从网络上寻求慰藉；还有的家长总是因忙于工作而忽略了孩子，这让孩子得不到应有的关爱，他们感到孤独，所以也就会从网络中寻找关心及爱护；还有一些家长，他们的教育方式让孩子无法接受，孩子就会产生逆反心理，也就会将身心投入到网络和电子游戏中。所以，面对沉迷于网络和电子游戏中的孩子，家长一定要客观分析，不要简单粗暴地认为孩子有"网瘾"，而对他们采取强制措施。

现今是网络高度普及的时代，我们不能因为孩子有不良的上网习惯就剥夺其从网络中获取信息的权利，这是非常不明智的。作为父母，不仅应该看到网络的弊端，更应该认清网络带来的便利和益处，对孩子上网、玩游戏也应当辩证地看，引导孩子合理利用网络、利用电子游戏。

市场上确实充斥着许多不良游戏，但是也有一些游戏可以开发孩子的智力、锻炼孩子的动手能力，能够提高孩子的反应速度、思维敏捷度以及判断能力，所以不应将电子游戏全盘否定。不过，太多的父母看不到电子游戏中

的利，而只看到了电子游戏中的弊端，也因此严禁孩子玩游戏。可父母越是控制，孩子的好奇心就越大，这反而增大了电子游戏的吸引力。

其实父母大可不必把电子游戏当成洪水猛兽，父母甚至可以通过电子游戏拉近与孩子的关系。

小童是小学四年级的学生，家庭条件不错，爸爸妈妈很早就给他配了电脑和手机。爸爸妈妈原本是想让小童用这些电子设备查找学习资料，但是小童却在使用这些设备的时候迷上了电子游戏，这让爸爸妈妈很苦恼。

为了不让小童玩电子游戏，爸爸妈妈想了很多招，也和小童争吵了几次，不过效果并不理想。小童为了躲避爸爸妈妈的监视，还同爸爸妈妈玩起了"捉迷藏"，爸爸妈妈在旁边的时候他就会做作业、温习功课，而爸爸妈妈一离开他就开始玩游戏。

后来，小童的爸爸妈妈通过断家里网的方式来阻止小童玩游戏，可是小童却开始逃课，去网吧、游戏厅接着玩游戏。

看着沉迷于游戏的孩子，小童的爸爸妈妈非常痛心。不得已，他们找到了心理医生，请其帮忙纠正孩子的网瘾。心理医生告诉小童的爸爸妈妈，对于孩子玩游戏不应该"堵"，而应该"导"，引导孩子玩一些益智类的游戏。另外，父母也应该了解孩子的内心，这样才能更好地引导孩子合理利用时间，做到游戏、学习两不误。

按照心理医生的建议，小童的爸爸妈妈开始主动同小童一起玩游戏，而不再一味地阻止小童了。就这样，他们同小童之间的隔阂逐渐消除了，小童有什么心里话也愿意告诉他们了。在了解了孩子的真实想法后，他们教育起小童来就更加得心应手了。

而且小童对游戏的迷恋程度也越来越弱，反而开始把精力更多地用到学习上，这让小童的爸爸妈妈感到非常高兴。

电子游戏是信息时代的一种新文化，可以说已经渗透到了社会的方方面面。家长要想纠正孩子的"网瘾"，单纯的"堵"起不到好作用，反而是有意识的"引导"能够让孩子正确地运用游戏、运用网络。

7. 孩子拒绝去上学，家长有妙招

早上，孙艳又和女儿妞妞争执起来了，因为妞妞又不想去学校了。这样的情况已经出现过好几次，每次孙艳都要和妞妞大吵一架，最后强拉着妞妞去学校。一路上，妞妞总是会号啕大哭，引得路人侧目。

今天还是一样，孙艳对着女儿吼道："你到底要不要出门，要不要去学校。"

妞妞脸上挂着泪说道："不去，妈妈，我不要去学校。"

孙艳拽了一下女儿，大声说道："为什么不去学校?"妞妞的爸爸也在一旁不耐烦地说道："你们到底要不要走，再不走我上班就要迟到了。"

孙艳转身又对丈夫抱怨道："你就知道催，每次都把这些烦心的事推给我。"

孙艳的丈夫更不耐烦了："我现在不想跟你说这些，你们到底要不要出门，不出门我自己先走了，剩下的你自己看着办吧。"

孙艳也是一肚子火，大声说道："不去了，不想上学就不要上学，以后都不上学了。"

妞妞看到爸爸妈妈吵了起来，赶紧走过来，拉着妈妈的衣角说道："妈妈别吵了，我去学校。"

对于这种情况，孙艳可以说是到了忍无可忍的地步，而丈夫又不帮自己分担，每次都是学校打电话要叫家长的时候，妞妞的爸爸才会去学校一趟。这样的情况让孙艳感到很累，也很疑惑。她真的不明白妞妞为什么不愿意去学校，因为在学校并没有同学欺负她，她的人际关系也很好，可妞妞就是不愿意去学校。

相信孙艳这种情况许多父母都遇到过。其实，孩子拒绝上学有很多原因，幼儿园的孩子拒绝去学校，是他们害怕分离，害怕被父母"不喜欢"；有一些孩子是害怕在学校被欺凌、戏弄；还有一些孩子是成绩不好，害怕被同学嘲笑……

不管是哪种原因，家长和老师都应该理解孩子拒绝上学的矛盾心理，然后采取相关的方法去处理。

对于幼儿园的孩子，家长应该让孩子明白，你不会抛弃他们，用孩子能够理解的话告诉他们，你们只是暂时分开，很快就会见面的。

比如你可以告诉孩子："午睡结束后，我会来看你。""放学就来接你。"听了这些话，孩子可能还会表现出不舍，或者还是会想让你带他们回家。这时，父母最好是和孩子简单、快速地告别，然后转身离开，不要因为他们的哭闹而回去安慰他们。因为你越快离开，他们就能越快开始一天的活动。

孩子和成人一样，也有自尊心。有的孩子担心自己的功课不好，或者是害怕被同学嘲笑而不敢去学校。面对这种情形，一方面要理解孩子的心理，另一方面则要想办法增强孩子的自信心。比如，孩子因为紧张尿了裤子而被同学嘲笑，因此不敢去学校上学。这时家长应该让孩子明白，人们在紧张恐惧的时候，尿液不受控制是很正常的生理现象，并告诉孩子，紧张、恐惧的情绪每个人都会遇到，以后要是遇到了类似事情只要勇敢面对就可以了。当然，在缓解孩子心理压力的时候，有老师的配合就更好了。

还有一些孩子因为被同学欺负了，就会对去学校表示拒绝。如果出现这种情况，就需要学校、家长以及儿童心理学家一起帮助孩子克服厌学的心理。面对这种情况最忌讳的是教孩子"以暴制暴"，让孩子用暴力去解决问题，而是应该让孩子正确认识暴力、正确面对暴力。当孩子克服了对暴力的恐惧之后，自然也就不害怕学校了。

当孩子出现拒绝上学的现象，家长不要恐吓孩子，也不要威逼利诱孩子，因为这些都不能从根本上解决问题。这个时候父母最好是能听一听孩子不想上学的真正原因，然后再采取相应的对策。

另外，家长应该定期同学校、老师联系，及时了解孩子的心理状态，这样才会在孩子拒绝上学时寻找到对策。

第七章

改变不良习惯，孩子做事才有效率、有成果

1．帮孩子养成提前计划的好习惯

无论是在生活中还是在工作中，做任何事情都要有计划，然后按照计划有条不紊地进行，这是成功人士的基本素质。没有计划，"胡子眉毛一把抓"，不仅不能按时完成，还会分散自己的注意力，使自己茫然不知所措。所以，帮助孩子养成提前计划的好习惯是家庭教育的重要内容。

没有计划，什么也做不好。然然今年上五年级了，可做起事情来总是拖拖拉拉、没有计划性。平日里好一些，无非就是做作业慢一些，别的孩子可能几十分钟就把作业做完了，她每天都要做到夜里很晚。然然妈妈的工作很忙，加之年纪也大了，精力有些跟不上，因为然然做作业慢的问题总是冲她发火。

这一天，妈妈还没有下班就打电话叮嘱然然奶奶：把然然接回来并督促她赶快写作业，不然又要写到半夜了。但等到妈妈下班回家，只见然然一边看着电视，一边做着作业，连一行字都没有写完。妈妈生气了，关掉电视机，坐到然然的对面监督着她写作业。可然然低着头不到两分钟便抬起了头，问道："妈妈，我们家的小仓鼠怎么样了，我能去看看它吗？""你赶快给我写作业，在写完作业之前什么也不许做。"妈妈生气地说道。然然赶紧又低下了头。

没过多久，只见然然竟然玩起自己的小手来了。妈妈一声巨喝，然然赶快又认真地写起了作业。就这样，断断续续地写到了十二点，作业还没有写完。然然妈妈气坏了，抄起笤帚结结实实地打了然然一顿。

第二天，老师点名，没有写完作业的孩子里又有然然。

这就是然然的做事方式——从来没有专注地去完成一件事，总是一会儿干这个，一会儿做那个，没有计划性。然然这种习惯的养成与家长的后天教育有着直接关系。在然然小的时候，妈妈就一个人带着她，一会儿喂奶，一会儿又去做别的，要不然就在帮孩子扎辫子的途中离开做别的事情了。孩子耳濡目染，竟也养成了这种做事习惯。

然然还小，其主要任务就是学习，孩子这种做事没有计划性的习惯损害可能还不明显，可如果这个习惯一直不改掉的话，长大后她将会一事无成。因为做事没有计划性，时间就会被浪费，注意力就会被大大分散，这样一来还能做成什么事情呢？众所周知，钉子之所以能够刺穿坚硬的木板，就是因为钉子的头部很尖锐，可以将所有的力量都集中于一点，做事情也是一样。如果事先做好了计划，就能按照计划一步步进行，就能将注意力集中起来，按部就班地完成事情。

其实，在我们的生活中，要做的事情很多，如果没有计划性，"东一榔头，西一棒槌"，最终将一事无成。要想在有限的时间内，提高效率，多做事情，就必须养成事先做好计划的习惯。那么，家长该如何培养孩子提前计划的习惯呢？

其实很简单，就是把近期要做的事情一项一项地列出来，加上序号、标准、期限，这样做起事情来就会有条不紊。具体来说，可以做以下几点：

（1）孩子在做一件事情时，家长可以引导孩子分步骤进行

孩子决定过几天去海边玩耍，家长可以提醒孩子，既然已经决定要去海边玩，就提前想一想到海边之后要做些什么吧。这时候，只听孩子滔滔不绝地说了很多，如寻找小海螺，回来送给好朋友，划船，看动物表演，等等。

这个看似简单的小提醒实际上就是在帮助孩子做计划。如果家长在孩子做事情之前都能这样提醒一下孩子，久而久之，即便家长不再提醒孩子了，孩子也会自己思索的。这样，孩子就养成了做计划的好习惯。

（2）把各个步骤按顺序排列起来

当孩子提前已经想好要做些什么的时候，家长还需要帮助孩子继续完善他们的计划，那就是为每个步骤排好序，并分配好时间。如，孩子去海边玩的时间为三天，那么家长可以提醒孩子先做什么，再做什么，然后再分配一下具体时间。这样一来，一个完整的计划就呈现了。

（3）准备备用方案

同时，家长需要提醒孩子思考，如果有意外情况出现时应该如何调整。

如，海边刚好下雨了，恐怕节目表演都将泡汤，只能在海边雨中散步了，那看看雨中的海景也是不错的选择。

很多时候，人们之所以不成功不是因为智商不如别人，而是没有计划性，做事情主次不分，浪费了大把大把的时间和精力，在很多不值一提的小事上劳心费神、斤斤计较。每个人的生命都是有限的，成功者之所以能够成功的一个重要原因就是他们有计划性，能够提高时间的利用率。所以，家长一定要帮孩子养成提前计划的好习惯。

2. 规律地作息才有旺盛的精力

孩子是不是因为作业太多而熬到深夜？是不是因为学习压力太大而没有时间锻炼身体？是不是因为贪玩而没有按时午休？是不是因为看电视剧而整天窝坐在沙发上？……这些不良生活作息习惯是非常不科学的，不仅不会起到任何促进学习的作用，而且还会严重损害孩子的身体健康。

医学专家已经指出，没有规律的生活作息习惯会导致人们的疲惫感增强、情绪更易失控、健康指数大幅下降，做起事情来事倍功半。因此，为了自身的健康，为了能够拥有良好的精神状况来面对事情，孩子一定要从小养成良好的生活作息习惯。

桔子今年高三了，是一个非常勤奋的孩子。为了能够提高成绩，桔子紧紧抓住一切可以利用的时间来学习。在操场上，从来看不到桔子来锻炼身体；午休时间，桔子没有睡觉，她在低头苦读；已经是深夜了，同宿舍的同学们早已酣睡多时，而桔子却依然缩在被窝里打着手电筒读书。透过被子的缝隙，手电筒发出的光隐隐约约地映射出了桔子疲惫的脸庞。

这样一个勤奋的孩子，这样一个让很多人佩服其顽强意志力的孩子，也许你会认为她的成绩一定很好。可事实恰恰相反，桔子的成绩很差，且命运似乎总与她故意作对，桔子越是拼命苦读，成绩越是上不来，各种大大小小的考试越考越差。对此，桔子苦闷极了，她弄不清问题到底出在哪里。眼看着高考临近，桔子的状况却糟糕透了：大大的熊猫眼，疲惫不堪的精神。有时候实在是坚持不住了，桔子便干脆倒在床上呼呼大睡。奇怪的是，即使是睡了十几个小时，醒来之后，她依旧感觉无比疲惫。

对此，班主任给出了正确的意见。他建议桔子按照学校的作息时间有规律地作息，每晚 9:30 入睡，早上 6:30 起床，中午一个半小时午休，早操时间和同学们一起去操场锻炼身体。就这样没过多久，桔子的精神面貌焕然一新，每天都精力充沛、神清气爽，不再浑浑噩噩。很快，桔子的成绩也有了大幅度提高。用桔子的话说："很多知识点看一遍就记住了，并且能够联系起来。"要知道，同样的知识点，从前的桔子硬撑着疲惫的身体看上四五遍也记不住。

由此可见，良好的作息习惯能够让人保持精力充沛，将身体和精神调整到一个最佳状态，做起事情来自然会事半功倍。事例中的桔子一开始没有养成科学规律的作息习惯，将所有的时间都用到了学习上，最终不仅没有提高成绩，反而让自己处于几近崩溃的边缘。殊不知，人的身体总是有一定的承受极限的，当这个极限被打破时，即使再拼命坚持学习也是枉然，身体会自然地拒绝接受一切信息。这个时候，身体需要的是休息及放松，而当身体得不到适量的休息和放松时，持续的疲惫感就会不断侵蚀人的意识，人们的精神状况就会处于极度不佳的状态中。因此，孩子一定要从小养成良好的作息习惯。良好的作息习惯是身体健康、精力旺盛的必备条件。

建议孩子无论是不是休息日都应坚持早睡早起的习惯，不要睡懒觉，不要熬夜，坚持进行晨练。很多人认为睡觉时间越长越好，其实不然，尽管睡觉是一种很好的休息方式，但是过长的睡眠会引发血液循环不良，不利于身体健康。因此，每天八小时的睡眠时间就很科学。至于锻炼的项目则因人而异，可以选择自己爱好的体育项目，以便更容易坚持下来。而锻炼的强度也应适度。

人们常说："运动健身、读书学习、早睡早起、精力旺盛、事半功倍。"权威机构的多项研究证明，规律的、科学的作息习惯是保持大脑灵活、能够快速投入工作和学习、保持精力旺盛、工作效率更高的主要捷径。家长一定要帮助孩子养成规律的作息习惯，不要因为一时的得失而因小失大。没有任何事情比孩子的健康更重要。

3. 告诫孩子不要随意打断别人的话

给孩子立规矩，让孩子讲文明懂礼貌，是为了让孩子长大之后不招人烦。

前段时间，笔者乘坐飞机到哈尔滨，飞机晚点了，大家都在候机厅等候，有的乘客在睡觉，有的乘客在轻声聊天，总之，大家还算安静，没有因飞机晚点而急躁不安。

这时，旁边来了一家人：两名家长，带着两个孩子。这下安静的候机厅被点燃了。两个孩子玩起了足球，一会儿将球踢到了正在睡觉的乘客脚下，一会儿又将球踢到了正在聊天的乘客脚下。两个小家伙还真是天不怕，地不怕。一会儿跑到睡觉的乘客旁边，大声说道："对不起，阿姨，让一下。"乘客一下子从睡梦中惊醒，有些发蒙，看着旁边的孩子无奈地摇了摇头，起身让开了。

没过一会儿，两个小家伙又跑到了那边正在聊天的乘客面前。"能让一下吗？"孩子理直气壮地问道。乘客二话没说，让开了。然而，孩子们似乎没有意识到打扰了别人。没过一会儿，球又跑到了其他乘客脚下。孩子们接着要求大家避让。一而再，再而三，这边正在聊天的乘客已经来来回回起身了好几次。

终于，忍无可忍的乘客在孩子们再一次要求让一下的时候问道："小朋友，难道没有人教过你们不能随便打断他人说话吗？这是非常不礼貌的行为，你们已经打扰我们好多次了。"

孩子们似乎没有想这么多，他们看了看一旁的家长。他们的家长就像没有听见一样，摆弄着手机，连头都没有抬。见爸爸妈妈没有反应，孩子们消除了紧张，又不管不顾地继续踢起了球。无奈，乘客们只好叫来了机场保安。

像事例中的孩子，现实生活中总会遇到，他们肆无忌惮地影响着他人，而对此，他们的父母却常常视而不见。也许在这些父母看来，不用在乎陌生人的感受。其实不然，教会孩子尊重他人、考虑他人的感受，实则也是尊重自己的表现。一个不懂得礼数的孩子，将来步入社会之后，谁会喜欢他呢？

不随便打断别人说话是讲文明懂礼貌的表现，是家长应该从小为孩子培养的礼仪习惯，是孩子与人友好交往的前提。聪明的父母会这样教育自己的孩子：

（1）轻易打断别人说话是非常不礼貌的行为

小的时候，老师常会教育孩子不要随便打断别人说话。道理是简单的，然而做起来却真的好难。很多时候，当别人话还没有说完，因为忽然冒出了想法，又或是已经听得不耐烦了，便打断了他人说话，让对方陷入尴尬之中，不知道该不该继续说下去。当我们的孩子也出现这种不礼貌的行为时应及时纠正，不要放任不管，不然，等他们养成了这种不良习惯之后就会招人烦了。

（2）打断别人说话，是不尊重别人的表现

设身处地地想一想，对于不尊重我们的人，我们是不会有好印象的。因此，我们要从小教育孩子不应轻易打断别人说话，即使那个人说的话自己已经听过了也要耐心听完再发表意见，这是尊重别人的表现。

（3）听对方说完，才能明白对方想要表达的真实意思

很多误会是由于没有听清楚而产生的。如果我们能够耐心听对方把话讲完，那么就不会有如此多的误会产生了。相信你也一定有过这样的经历，当我们耐着性子听对方把话说完之后，才能理解对方的本意。因此，我们应教育自己的孩子一定要耐心听对方说完话再发表意见，否则很容易出现误会。

孩子的行为举止，与家长后天的教育息息相关。作为家长，我们要对孩子的将来负责任，把一个不懂文明礼貌的孩子送到社会上去，无论是对社会还是对孩子而言都将是非常痛苦的。若孩子经历过一番挫败之后才学会礼貌待人，这代价未免也太大了。如果我们在孩子小的时候，多花一分心，多尽一分力，那么孩子未来的路就会平坦很多。

4．培养孩子长期坚持运动的好习惯

在公园里，天才蒙蒙亮，成群结队的人就已经大汗淋漓了——显然，清晨的锻炼已经持续了一段时间。生命在于运动，坚持锻炼的确有益于身体健康，但是不科学的锻炼不仅不会起到锻炼身体的目的，还会有损于身体健康。

兰兰的父亲是一名保健医生，从小就注重培养孩子坚持锻炼的好习惯。由于长时间的锻炼，兰兰的身体素质非常好，几乎不怎么生病。这样一个注重健康又非常了解保健知识的家庭，却从来见不到他们晨练。

一天，一位有晨练习惯的邻居张爷爷见到兰兰时问道："兰兰，你这么爱好运动，怎么早上不出来锻炼呀？"

原来，这位老爷爷坚持晨练已经快三十年了，每天天不亮就起床，绕着中环路跑上十公里。等到人们渐渐起来，开始一天的活动时，张爷爷已经完成了晨练。

"张爷爷，太早晨练对身体没有好处。"兰兰说道。

"怎么可能，锻炼有益于身体健康，你看我今年已经六十三岁了，精神不是很好嘛，这与我坚持晨练有很大的关系。"张爷爷说道。

"是的，您的身体好，与您坚持锻炼有关系。但是爷爷，天还没有亮的时候，由于植物无法在夜间进行光合作用，二氧化碳的浓度会非常高，并且全部聚集在树木的底部位置。在这种环境下锻炼身体，不仅不能让身体接受新鲜的空气，还会因为过度吸入二氧化碳而导致身体不适。因此，晨练的习惯并不好。"兰兰长期受父亲的熏陶，对保健知识也有一定了解。她接着说道："而且您总是喜欢在马路上跑步，还会吸收大量的汽车尾气和灰尘，同样也不利于身体健康。"

张爷爷一听，觉得孩子说得很有道理。"兰兰，你说得很好，那爷爷是不是不应该早上锻炼身体了？"张爷爷问道。

"不是的，锻炼身体是件好事。您可以在早上，太阳出来一个小时之后到公园里锻炼。这样二氧化碳已经被吸收得差不多了，氧气含量会非常高，负氧离子的指数也很高，对身体非常好。我就是在这个时间段里锻炼的。"兰兰说道。

一旁的兰兰爸爸听着女儿的讲述，面带微笑地点了点头。

由此可见，运动也需要遵守一定的自然规律，盲目地运动不仅起不到锻炼身体的效果，还会适得其反，损害自身的健康。作为家长，从小培养孩子坚持运动的好习惯，对孩子的身心健康非常重要。不过，在此之前，家长需要了解以下知识点：

（1）清晨锻炼，在太阳出来一个小时之后进行

由于植物的光合作用需要在阳光下进行，在植物进行光合作用时，会吸收空气中的二氧化碳，释放氧气。夜间没有太阳光，植物会释放出大量的二氧化碳，吸收大量的氧气，造成空气中二氧化碳的含量超标，不利于运动。太阳出来一个小时之后，植物由于光合作用，会吸收二氧化碳，释放氧气。此时空气质量非常好，适宜锻炼身体。

（2）清晨锻炼，不宜空腹，要喝一杯温水之后再进行

经过一晚上的睡眠，身体几乎没有能量了，应适当进食补充一下能量。如果这时不仅不进食，还做大量的运动，会造成身体能量的严重透支，不利于身体健康。如果能在运动之前喝上一杯温水，不仅能够补充能量还能加速血液循环、清洗肠胃，有利于身体排毒。因此，喝杯温水再锻炼才是正确的锻炼方法。

（3）黄昏才是锻炼的最佳时间

人们总是提倡晨练，但是研究表明，晨练有很多弊端，不利于身体健康，黄昏才是人们锻炼的最佳时间段。在这个时间段里，体力、身体的协调力、血压血脂的稳定性等各方面都非常适合锻炼。因此，帮助孩子养成黄昏练的习惯比晨练更科学。

（4）运动需要坚持，不能"三天打鱼两天晒网"

研究表明，长期的运动有益于身体健康，而偶尔的运动不仅起不到锻炼身体的目的，还会加速各个关节的磨损、各个器官的负担，从而对身体造成伤害。这是因为，身体已经适应了不运动的状态，忽然间运动量加大，身体

平衡被破坏，超过了平日里已经适应的承受限度。因此，锻炼身体是一个长期的过程，不能"三天打鱼两天晒网"。

总而言之，生命在于运动，从小培养孩子坚持运动的好习惯对孩子的身心健康起着很大作用，但是一定要多了解相关的科学知识，做到科学锻炼，这样才能真正达到锻炼身体的目的。

5. 学习的权利，请让孩子自己支配

著名教育家冯友兰说："你有才没有才，现在还不晓得，到时自能表现出来，所谓'自有仙才自不知'，或许你是大器晚成呢！"一个人到底具有什么样的才华，连他自己都未必清楚，何况他人呢？

现在，很多家长都过分关注孩子的学习问题。每到放假期间，就会看到很多望子成龙、望女成凤的家长不顾孩子的爱好与兴趣，自作主张地为孩子选择各种兴趣特长班，将孩子送进自认为关乎孩子前途的培训班中进行学习。有些孩子不愿意学，家长还会将孩子斥责一番，什么"为你好""怎么这么不懂事""就知道玩呀"等等，一系列冠冕堂皇的理由全都会蹦出来。迫于家长的压力，孩子最后只能妥协。就这样，孩子从一个课堂里出来，又走进了另一个课堂，不间断地培训、培训……

家长的心情可以理解，家长希望孩子出人头地，拥有良好的前程。但是对于孩子来讲，填鸭式的学习方式真的好吗？

丽丽原本是一个开朗的孩子，可自从上了幼儿园，丽丽妈妈就憋足了劲儿要将女儿培养成一个有才之人。于是，妈妈为丽丽报了很多特长班，绘画、音乐、舞蹈、跆拳道、英语、口才等等，将丽丽的时间安排得满满的。原本轻轻松松的家庭生活，也搞得紧张不已。

很多时候，丽丽这边幼儿园刚一放学，妈妈便立即带着她飞一样赶去上音乐晚课，弄得孩子的晚饭都要在路上仓促地吃。这边音乐晚课刚刚结束，那边绘画课又开始了。就这样，小小的丽丽一直东奔西跑地跟着妈妈折腾到晚上十点才能顺利回到家中。洗漱之后，什么都不能做了，立即上床睡觉也

已经快十一点了。

久而久之，丽丽开始变得沮丧，在幼儿园里注意力也不集中了，精神也很颓废。老师发现孩子的食欲也有些下降，连忙与丽丽妈妈进行了沟通。在沟通过程中，丽丽妈妈也意识到了给孩子的安排有些不合理。尽管丽丽妈妈立即调整了安排，但丽丽还是出现了问题——她拒绝出门，连平日里爱去的幼儿园也不肯去了，就是想待在家里。只要家人提出要带她出门，不管是什么原因，她都会大哭，会立即躲到床底下，怎么也不肯出来。更糟糕的是，丽丽开始拒绝妈妈，不要妈妈靠近她。

这下可急坏了丽丽一家人。家人决定带孩子去看看心理专家。最后专家对丽丽的情况做了分析，责任在于丽丽妈妈。她急功近利的行为伤害到了孩子的心灵，不停地奔波，让孩子认为自己的家没有了，休息和放松、享受温暖的地方没有了，所以出于对家的保护，孩子选择待在家里不出门。她觉得除了家里，在外面的每一刻都很痛苦，而带给她痛苦、不让她回家的恰恰是她的妈妈，所以丽丽开始拒绝妈妈。

看着一家人埋怨的眼神，看着女儿躲避、嫌弃的目光，丽丽妈妈悔恨不已。

让孩子学习知识原本是件好事，但是家长一定要将学习的权利还给孩子，让孩子根据自己的爱好或特长选择一些自己喜欢的科目。这样一来，孩子和家长都会觉得轻松，而且学习也会事半功倍。其实，学习的内容也不仅限于课本和特长，实践也是一种宝贵的财富，正所谓："读万卷书，行万里路。"带孩子出去旅游也是一种非常好的学习机会，让孩子了解一个陌生城市的风土人情，非常有助于开阔孩子的眼界。

至于各种培训学习，家长应在孩子自愿的前提下有选择地帮助其安排，千万不能越俎代庖，不顾孩子的兴趣爱好强迫其参加。这样做不仅不能达到预期的目的，还会伤害到孩子的学习热情，造成严重的心理创伤。因为，喜欢什么只有孩子自己最清楚，家长不能打着为孩子考虑的旗号而剥夺孩子自主学习的权利。

第八章

稳定好情绪，让孩子更好地管理自己

1. 情绪自控力：好情绪才有好未来

美国心理学家丹尼尔·戈尔曼曾说过："如果你不能控制自己的情绪，如果你没有自我认识，如果你不能管理自己的负面情绪，如果你不能推己及人并拥有有效的人际关系，无论你多么聪明，都不可能走得很远。"丹尼尔·戈尔曼被誉为"情商之父"，在他看来，情绪管理对人的一生有着非常重要的影响。

研究表明，对于孩子而言，好的情绪决定着好的未来。所以，作为家长，重视培养孩子良好的情绪管理能力，帮助孩子认识、了解、管理自己的情绪是家庭教育中一项很重要的工作。

月月是个漂亮的小公主，是爸爸妈妈、爷爷奶奶的掌上明珠，每一天都会被打扮得漂漂亮亮的，非常讨人喜爱。遗憾的是，孩子有些娇气，总是爱闹小情绪。

月月拥有很多新式玩具，都是姑姑、舅舅、姨妈等人买的。加之月月奶奶是出了名的好脾气，非常喜欢小孩子，因此，一开始，月月家总是会有很多小朋友光临。可是，每一次小朋友来家里和月月玩不到十分钟就会打起架来。

原因是，月月总是不允许其他小朋友不听自己的话。当小朋友不按她说的办时，她就会大发脾气，大声指责小朋友，甚至动手打小朋友。就这样，过不了多久，孩子都会大哭起来。渐渐地，大家都知道月月的脾气不好，就不愿再找月月玩了。于是，奶奶开始带着月月去其他小朋友家玩。在别人家里，月月很是拘谨，不敢乱发脾气，总是一副很紧张的样子。如此一来，一向霸道的"小公主"反倒是总被别人欺负哭。

事例中的月月情绪管理能力是很差的。在自己家里时，她很放松，各种坏情绪都会暴露出来，比如霸道、易怒。当这些坏情绪产生时，月月总是不懂得适当调整，对其他小朋友乱发脾气，甚至还动手打人；然而，当她在别的小朋友家里时便会感到很紧张，莫名的焦虑和恐惧的坏情绪让一向霸道的小公主变成了任人宰割的羔羊，总是被人欺负。试想，等到月月长大，独自面对竞争激烈的社会时，这样的情绪管理能力如何能够帮助她应对各种复杂局面呢？

由此可见，丹尼尔·戈尔曼的观点是对的。作为家长，应当充分认识到情绪管控能力对孩子未来发展的重要性。

（1）情绪影响孩子的人际关系

处理各种人际关系是孩子时时刻刻都需要面对的。良好的人际关系不仅能够影响一个人的事业发展，还能影响一个人的生活质量。如果一个人不能很好地处理与周边同事的人际关系，那么上班对于他而言恐怕不是体现价值的事情，而是一件很痛苦、煎熬的事情。谁能受得了每天都生活在剑拔弩张的环境中呢？自然，当一个人在单位不顺心时，这种坏心情或多或少都会被带到家里，必然也会将家里的气氛搞得很紧张。这样一来，从单位到家里几乎每时每刻都充满着坏情绪，这样的生活怎么可能会不出问题呢？

（2）情绪影响孩子的能力发挥

经验告诉我们，盛怒之下不要做任何决定，这是有科学依据的。人在各种负面情绪的作用下，大脑是不能正常分析思考的，各种不理智的冲动会频繁冲击大脑中枢，致使大脑中枢下达不理智的指令，造成不良的后果。

很多人都有过这样的经历——一气之下，做出了不理智的举动；等到气消了，又非常后悔。可以说，好的情绪能使孩子一直处于超常发挥的状态，坏的情绪则能影响到孩子的正常发挥。因此，良好的情绪管理能力能够帮助孩子正常发挥自己的能力。

（3）情绪影响孩子的生活态度

就拿高考来说，其结果也受情绪的影响。很多人在平时学习成绩还是很不错的，就是心态不好，不能很好地进行调整，甚至最终无法走进高考的考场。这种状况每年高考的时候都会发生。试想，寒窗苦读了十二年，偏偏在这最后的一跃时马失前蹄，这样的打击谁能接受？

由此可见，情绪无时无刻不在影响着人们的生活、学习、工作。良好的情绪能让人神清气爽，保持精力充沛的好状态；糟糕的情绪总是能让人倍感压抑、身心疲惫。因此，如何调整自身的情绪，对于孩子的将来至关重要。

2. 容易暴怒，怎么会有好人缘

当孩子发现自己最喜欢的玩具突然找不到的时候，他会大发雷霆吗？

当无意中有人错怪、冤枉孩子的时候，他会怒火中烧吗？

当父母或师长拒绝孩子要求的时候，他会因为气愤而口出恶言吗？

当孩子与同伴游戏时产生摩擦的时候，他会因为愤怒而动手打人吗？

…………

在现实生活中，不少家长都把孩子"表达愤怒"当成一个好现象，这通常意味着"孩子脾气大，所以不太容易会被欺负""有事不往心里藏，更好探知孩子的心思""脾气大的人一般比较强势，孩子以后有当领导的潜质"……可是，孩子情绪不稳定、容易愤怒，真的像大家普遍认为的那样好处多多吗？

心理学研究发现，人在冷静的状态下，更能保持清晰的思考，所做出的抉择也会更明智；相反，在情绪冲动的状态下，则很容易做出非常愚蠢的举动来。

正如歌德所说："谁不能克制自己，他就永远都是个奴隶。"试想，一个情绪失控、容易暴怒的孩子，又怎么可能会赢得伙伴们的欢迎，怎么可能建立起健康和谐的人际关系呢？如果你不希望自己的孩子成为一个没人愿意接近的"情绪炸药桶"，如果你不希望自己的孩子长大后成为一个被"冲动"情绪控制的奴隶，那么从现在开始，就一定要做好孩子情绪自控力的培养。

每个孩子都是父母的掌上明珠，自然而然受到了包括爷爷奶奶、姥姥姥爷在内的大家庭的呵护与关爱，加上目前隔代教养的普遍性，很多孩子都是在爷爷奶奶或姥姥姥爷的看护下成长的，老一辈过度迁就、宠爱的教养方式使得不少孩子"低容忍""高爆发"，稍有不顺心之处就大发雷霆，俨然成了一个个不可忤逆的"小王子""小公主"。

在这种大背景下，父母又该如何有效提升孩子的情绪自控力呢？

（1）统一教育标准

由爷爷奶奶或姥姥姥爷带的孩子，通常都有一个十分鲜明的特征：在只有父母的场合，往往比较收敛；但只要旁边有爷爷奶奶或姥姥姥爷撑腰，他们就会置父母的管教于不顾，甚至会故意挑衅。

如果是隔代教养的孩子，尤其要统一"教育标准"，父母与祖辈的教育方式和要求要统一化，不给孩子"空子"可钻。而父亲与母亲在教育方式和标准上也要统一。针对孩子对老人大呼小叫或对父母大呼小叫的现象，一定要引起重视，并将其作为重点教育改善的对象，让孩子的情绪平和下来。

（2）父母要做表率

别让孩子的怒气传染你，当孩子愤怒地喊着"你们一点也不爱我""我恨死你们了"等"情绪化"的话语时，相信每对父母都会在"心痛"之余怒气满满，甚至恨不得打孩子两巴掌。但这并不是一种适当的教育方式。

拥有情绪自控力的父母，才能言传身教潜移默化地影响孩子，帮助孩子控制自己的情绪。孩子的行为机制是很简单的，年纪越小的孩子，模仿能力越强，他们自身并没有判断是非好坏的能力，父母通过发泄怒气解决问题，他们也会跟着有样学样。所以，身为父母，千万不要给孩子做错误的表率，不管孩子说什么、做什么、有多气人，请尽量保持平和、冷静、稳定的情绪状态，用这种情绪去引导、感染孩子，相信久而久之，孩子也能学会用心平气和的方式来解决问题，而不是像"火龙"一样四处横冲直撞。

（3）教孩子和平面对冲突

虽然孩子尚未成年、尚未进入社会，但随着孩子年龄的增长，也慢慢有了自己的小圈子，他们会与同龄的伙伴游戏，会与同学相互交往，在与人交往的过程中自然免不了产生一些摩擦与冲突。孩子对自身情绪的控制力，就是在这样的日常小事中一点一点建立起来的。所以，父母要有意识地引导孩子，让他们学会冷静面对摩擦和冲突。

父母应告诉孩子，当冲突或摩擦发生时，要学会适当地忍让与妥协。这不是"没出息"，更不是"胆小怕事"，当孩子被激怒时，再用同样的方式激怒别人，不仅不会解决问题，还会激化矛盾，成为众人眼中的"笑料"。愤怒时不妨离开，这才是真正智慧的应对之策。

3. 别让孩子陷入焦虑的泥沼

孩子在六到二十四个月时，会处于特定的依附心理发展期。在这个阶段，孩子会与照顾他们的家长产生一种特殊的依赖关系，当与这个对象分开时，就会出现明显的心理波动，心理学上将这种心理波动称为焦虑。

焦虑分为很多种，前面我们提到的属于分离焦虑，同时还有恐惧焦虑、紧张焦虑等等。一般来说，孩子都会出现焦虑的情况，只是程度不同而已，有的人能够很好地控制内心的焦虑，不会产生严重后果；而有的人却不能很好地调整，就会产生严重后果。

月月今年三岁了，妈妈决定送她上幼儿园。每每看到别的大哥哥、大姐姐背着书包蹦蹦跳跳地上幼儿园，月月可羡慕了，天天盼望着自己能够去幼儿园。

这一天，月月第一次上幼儿园，当妈妈将月月交给老师时，月月才意识到了什么是上幼儿园——要与妈妈分开。这下她可不干了，攥着妈妈的手死活不肯放，哭得歇斯底里的。直到妈妈走了好半天，月月还在哭，什么东西都不肯吃，什么玩具也不要，一直吵着找妈妈、要回家。直到晚上，妈妈来接月月回家，月月的小脸儿上还挂着没有擦干净的泪花。月月看见妈妈的一瞬间，立即扑了过来，拽着妈妈怎么哄也哄不好。看着孩子这么伤心，妈妈的心里也很难过。为了孩子早日渡过这一关，妈妈什么方法都用了，孩子就是说什么也不肯去幼儿园。

没过两天，月月的嗓子哭哑了，可能是发炎了，一直高烧不退。一向健康的孩子，才几天工夫就瘦了一大圈儿，妈妈不禁心疼地掉下了眼泪。在那一瞬间，月月妈妈觉得送孩子上幼儿园是世界上最残忍的事情。

很多没有经历过这些的人可能觉得月月妈妈有些宠爱孩子。而事实上，送孩子上幼儿园的过程无论是对孩子而言还是对家长而言都是一次严峻的考验。让孩子一改生活方式，离开养育她的妈妈那么长时间，孩子内心的焦虑可想而知。

生病是非常平常的事情。对于妈妈而言，看着自己的宝贝遭受这样的痛苦却无能为力，内心的焦急与担忧也是难以言表的。然而，经历这些又是必需的。每一名家长、每一个孩子都要经历。这时，帮助孩子走出焦虑的泥潭便成为家长的当务之急。

一般来讲，孩子出现焦虑情绪不会持续太长时间，所以，家长不用太过担心。但是如果孩子的焦虑情绪比较严重时，家长可以尝试通过以下三种方法来帮助孩子摆脱焦虑的情绪。

（1）父母的陪伴是对孩子最好的安慰

没有任何人能够替代父母在孩子心中的位置。当孩子的焦虑情绪比较严重时，父母的陪伴是对孩子最好的安慰，能够让孩子感到安全和踏实，从而减轻孩子的焦虑情绪。

例如，孩子刚刚被送去幼儿园，在一个陌生的环境中，面对陌生的面孔，孩子会非常不安。这时，家长要尽量多地陪伴孩子，多给孩子讲一些关于亲情的小故事，让孩子明白：即使送他们去幼儿园也只是为了学习知识，而并没有抛弃他们。这个时候孩子的心理很脆弱，需要父母更多的关注与耐心，不要因为孩子哭泣就斥责孩子，这样只会加剧孩子的焦虑。耐心同孩子讲道理，告诉孩子爸爸妈妈会在幼儿园放学的时候一起接他们回家。就这样，过一段时间，孩子会发现原来爸爸妈妈并没有抛弃他们，他们就能顺利地摆脱焦虑情绪了。

（2）给孩子多一些耐心

当孩子处于焦虑情绪中时，家长不要急于让孩子适应环境，太过着急只会适得其反。家长要多一些耐心，让孩子慢慢适应新环境，慢慢摆脱焦虑情绪的困扰。

（3）遵守和孩子的约定

很多时候，孩子的焦虑情绪是环境突变缺乏安全感而引起的。此时此刻，家长一定要遵守与孩子的约定，让孩子多一分踏实、信任的感觉。如与孩子约定好中午会去幼儿园接他们，就一定要去，千万不能欺骗孩子。否则，孩子会更加焦虑的。

其实，孩子有焦虑情绪并不可怕，这是孩子小，不愿意离开自己父母的一种表现而已。这种亲情的真实流露弥足珍贵，家长只需耐心引导，多陪伴孩子，就能帮助孩子顺利摆脱焦虑的心理。

4．悦纳自己，也是一种能力

"金无足赤，人无完人。"无论一个人有多么优秀，也不可能永远完美而没有一点缺点。对待缺点的态度，决定了一个人到底能走多远。只有那些敢于接受自己缺点的人，才能从不足中领悟到某些东西，总结出更多的经验，才能够不断完善自我。

而遗憾的是，现实生活中的很多孩子都不能接受自己的不足。其实，悦纳自己也是一种能力。孩子的这种心理与父母的家庭教育有着很大关系。因为不能接受缺点的思想根深蒂固，就制造出了一种不能完全接受自己的大氛围。

教会孩子坦然接受自己，直面自己的缺点，是家长应该做的事情。在这里，希望家长能够做到以下两点：

（1）帮助孩子正视缺点

孩子身上有缺点并不可怕，只有能正视自身不足的人才能不断完善自我，才能不断进步。当家长发现孩子身上的不足之处时，要摆好心态，不要过多指责，应帮助孩子正视自身的不足，以便孩子能够尽快改正。

（2）鼓励孩子每日自省，以求不断完善自身

家长要引导孩子每日自省，这是完善自身、不断提高的捷径。古往今来，仁人贤者每日自省，他们将自省视为重要的工作。贤能之人尚且每天都会自省，孩子作为平凡的人，不该效仿学习吗？

有人说："认清自己，成为自己的老师，才是最大的能者。"生活在这个大千世界中，很多人总会抱怨说会有来自各方的压力和挑战，真让人头疼。

而事实上，想要成功，想要轻松应对各方的压力与挑战，最大的敌人就是自己，最大的困难就是战胜自己。每个人身上都会有各种各样的不足之处，不接受自己，怎么能够正视自己的不足呢？不接受自己，怎么能够改正、提升自我呢？不接受自己，又怎么能够做到扬长避短呢？不接受自己，又怎么能够接受他人呢？不接受自己，又怎么能够相信自己呢？……

5．嫉妒毁掉的不仅是自控力

在罗素的《幸福之路》一书中，嫉妒被列为人类的七宗罪之一，它是人类最普遍、最根深蒂固的一种情绪，带给人们的是无限的痛苦与煎熬。

嫉妒是人类在竞争时所产生的一种心理状态。前期只是表现出攀比，攀比不过后会发展成沮丧，然后会产生强烈的屈辱感和挫折感，最后会引发怨恨。产生嫉妒的原因有很多，如美丽的容貌、苗条的身材、能力、财富、关注度等等。凡是通过比较之后，觉得不如别人的地方都是产生嫉妒的因素。而且，每个人或多或少都带有嫉妒的情绪。当嫉妒情绪能够控制在一个合理范围内时，不但不会引发严重的不良后果，还会激发人的积极性，促使人类不断向前努力。然而，凡事都有度，当嫉妒的情绪超过正常范围时，所毁掉的就不仅仅是人的自控能力了，还有人的整个情绪调整系统。

小红是一个爱嫉妒的孩子，在她还是一个小婴儿的时候，看到妈妈给其他婴儿哺乳就会出现心跳加快、面色潮红等不安反应，甚至会大哭起来。这时，妈妈便会赶快停下来而哺乳她。上学之后，因为周边有更多的因素可以进行比较，小红的嫉妒心理更重了。她见不得其他同学比自己优秀，见不得其他同学穿得比自己好看，更见不得其他同学比自己受老师的喜爱。

渐渐地，大家发现，小红总是闷闷不乐的，也弄不清是什么原因。小红的妹妹出生后，她竟然开始嫉妒起了自己的妹妹，觉得妈妈爱妹妹比爱自己更多些。就这样，原本就有些闷闷不乐的小红变得更加少言寡语，常常一个人蹲在墙角里，对妹妹也毫无亲情可言。

一次，妹妹无意间动了小红的芭比娃娃，小红竟然狠狠地打了妹妹一记耳光。妈妈知道后，非常不能理解小红的举动，呵斥了她两句。没想到，小红的情绪一下子就失控了，她大哭着说："我讨厌妹妹，自从有了妹妹后妈妈就不再爱我了，我恨死妹妹了。"说完，小红就哭着跑开了，留下妈妈站在原地久久不能回神。小红对妹妹的憎恨是大大超出小红妈妈预料的，她没有想到孩子竟然会有这样的想法。

事例中的妈妈一直都以为姐妹亲情可以战胜嫉妒的负面情绪，却没有想到，嫉妒最终竟然毁灭了亲情。这就是嫉妒的魔力，它能让人失去理性，做出特别疯狂的举动来。古有"既生瑜，何生亮"的典故，一代名将周瑜最终竟然因此而命丧黄泉。直到今天，各种因为嫉妒而引发的悲剧数不胜数。嫉妒似乎成了无比黑暗的地狱，吞噬着一个个健康、阳光的心灵。面对这些，培养孩子有效调整嫉妒情绪的能力已成为当务之急。

（1）树立理想，远大的理想能够有效遏制嫉妒

远大的理想可以指引孩子前进的方向。在为理想而奋斗的过程中，孩子会将所有的关注力都集中到设定的目标上，他们没有时间和精力去关注周边不相干的事物。这样一来，产生嫉妒的因素没有了，嫉妒的情绪自然也不会凭空冒出来。"人无远虑，必有近忧"，说的就是这个道理。

（2）培养孩子的爱心，大爱可以化解嫉妒

一个很有爱心的孩子，对周边的人也会充满爱心。当其真诚地对待周边的人和事时，自己也会收获别人的爱心与真诚。孩子生活在一个充满爱的环境里，周围都是她的好朋友，怎么会产生嫉妒的心理呢？

（3）多沟通，及时帮助孩子排解不良情绪

家长发现孩子有嫉妒情绪时，要及时与孩子沟通，及时排解这种不良情绪。孩子的自我控制能力很弱，非常容易受不良情绪的影响，做出超乎常理的事情来。家长需要及时疏导，多鼓励孩子化嫉妒为动力。

人生就像一个大舞台，每个人都有适合自己的角色，都有自己的长处和短处，总是用自己的短处同他人的长处比较只会徒增烦恼。要全面认识自己，扬长避短，积极改进，不要被嫉妒所控制。正如"诗仙"李白所说："天生我才必有用。"每个孩子的身上都有值得别人羡慕的能力，发挥自己的

优点，改正自己的缺点，做一个真实的自己就可以了，何必总拿自己同别人相比较呢？

6. 教孩子学会管理自己的情绪

情绪是一个人心情好坏的直接体现。自然，一个人不可能永远保持好心情、好情绪，生活中总是会出现这样那样的困难、问题，它们会扰乱人的心情，孩子也不例外。然而，一个心智成熟的人不会任由自己被情绪牵着鼻子走，他会非常霸气地向世界宣布："我的情绪我做主！"

亮亮的父母总是非常忙，为了防止孩子一个人在家害怕，爸爸在亮亮十三岁生日时送给了他一只可爱的宠物狗。亮亮非常喜爱这只可爱的小狗，吃饭、睡觉都会抱着它。很快，亮亮就同这只宠物狗建立起了深厚的感情。在亮亮的心里，它不是一个宠物，而是自己的好朋友、好兄弟。自从有了这只小狗的陪伴，亮亮的性格开朗多了。

有一天，亮亮去找同学写作业，将小狗独自关在了家里。等到晚上回家时，亮亮发现小狗不见了。这下可急坏了亮亮，他扔下书包，跑到楼下疯狂地寻找。终于，在自己窗户下的草丛中发现了它。亮亮看到小狗的一瞬间，小狗也看到了亮亮。一阵欢喜之后，小狗立即飞跑着扑向亮亮。

可是，亮亮的气还没有消呢，就在小狗扑过来的瞬间，亮亮狠狠地踢了小狗一脚。只听小狗一声惨叫，身子蜷缩成了一团，与此同时，小狗的眼睛里流露出了对亮亮的不解。可能是亮亮一气之下用力太大，小狗竟然久久没有起来。亮亮也意识到了下脚太重，赶紧跑过去抱起了小狗。小狗看起来非常痛苦，双眼紧闭，全身发抖。亮亮有些后悔，赶忙抱着小狗回家了。第二天，亮亮便发现小狗死去了。想起不久前小狗还和自己一起玩耍时的情景，亮亮懊悔不已。

冲动是魔鬼！事例中的亮亮没有管理好自己的情绪，被愤怒冲昏了头脑，做出了不理智的举动，导致了宠物伙伴的死亡，为此，亮亮很内疚。在现实生活中，这种事情时有发生。很多孩子无法管理自己的情绪，说话办事往往不知道克制，甚至为了一时之快而换来永久的悔恨。每个孩子都无法避免情绪的波动，所以教孩子学会管理自己的情绪至关重要，下面介绍几种简单实用的情绪管理方法。

（1）撕纸片

撕纸片是一种有效的控制情绪的方法。它的目的是让孩子冷静下来，让不良情绪有个缓冲空间。在这段时间里，孩子可以平复激动的情绪，恢复理智。因为，一个人在冲动的状态下是不能保持大脑理性思考的能力的，容易不顾后果地疯狂行动。而通过撕纸片，则可以使大脑降降温。

（2）大声喊出来

如果孩子长时间处于不良情绪的压制下，心情肯定是压抑极了。这时，家长可以带孩子到空旷的地方大声喊叫。这种发泄方法能够释放孩子心中的压抑，从而有利于调整自己的情绪。

（3）教会孩子换个角度看问题

世界上的事物就是这么奇怪，很多时候，换个角度看待同一个问题就会产生出不同的观点。家长要以身作则，引导孩子学会遇到问题时不要消极，要往好的方面想。事实上，很多问题原本也没有我们想象中那么严重。换个角度看问题，说不定坏事还能变成好事呢。

（4）多运动

研究表明，运动是调节情绪的有效方法之一，人在情绪不好的时候，生理上会出现一些异常现象，这些现象通过运动可以得到很好的缓解。如跑步、打篮球等等，都能起到调节情绪的作用。因此，家长要引导孩子多运动，从而培养孩子健康、乐观的好性格。

（5）读读书、听听音乐、出去散散步

读读书、听听音乐、出去散散步等等，这些都能够帮助孩子调整情绪。对于不良情绪，一味地克制是不科学的，要合理地发泄出来，这样既不伤害自己也不伤害他人。一方面能让孩子的心情好转起来，另一方面还能及时排解孩子的负面情绪。

每一位成功人士无不是情绪管理的专家，遇喜不狂，遇悲不慌，沉着冷静，从不因为自己的情绪而影响到自己和他人、影响到事态的正常发展。管理情绪不是简单地盲目压制，而是要像治理洪涝一样进行自我疏导。喜怒无常、动不动就发脾气、易冲动……孩子不能很好地控制自己的情绪，必然会导致糟糕的后果，身为父母，一定要关注孩子的身心发展，教会孩子如何才能管理好自己的情绪。

7. 别抱怨，别为难以改变的事实苦恼

抱怨就像思维的一剂慢性毒药，当我们开始抱怨的时候，负面情绪就如毒药一般在我们的血液中蔓延，我们的人生态度、行动、思想意念都被这种强烈的毒性感染。在抱怨中，我们的意志会一点点地被消磨，时间一长，精神之堤就会被生活的洪水冲垮。

当抱怨的情绪蔓延到孩子的身上，他们会变得失去控制能力，对什么事情都有怨言，对什么事都看不惯。

青青被老师奖励了一个存钱罐，她特别高兴，迫不及待地想要和妈妈一起分享，可是在进入家门的时候，一不小心绊了一个大跟头，存钱罐也被摔碎了。看到心爱的存钱罐变成了碎片，青青一下子就哭了。妈妈听到哭声赶过来，看到碎了一地的存钱罐，还没有开口，青青就大喊起来："妈妈，妈妈，我的存钱罐被摔碎了，都是我不好，呜呜……"妈妈拉着青青往屋里走，一边走一边说："青青，你知道吗？你的存钱罐是坏了，但是你责怪自己也不能让它恢复原来的样子，我们也许该想想别的办法，比如我们可以试着用别的东西代替它。"青青说："对呀，妈妈，我记得我还有个别的小罐子，跟这个存钱罐差不多，我可以用它来存钱。"说着，青青就又高兴起来了。

是的，存钱罐碎了，就没有办法再回到原来的样子，要是青青一味地因为失去了存钱罐而伤心流泪，相信她会一直难受下去。如果她因为自己摔碎了存钱罐而一直埋怨自己，相信她始终不会快乐。这时妈妈的做法就很好，她教会青青正视问题，没有选择逃避，也没有过度责怪自己，而是采取转移

注意力的方法，让青青别为无法改变的事实而苦恼，最终又快乐了起来。

从前有一个农夫，一天，他的一头老骡子不小心掉进一口枯井里，痛苦地哀嚎着。农夫赶来看了看，决定放弃救骡子，因为这头骡子年纪大了，不值得大费周章地把它救出来，更何况人们正打算把这口井填起来。于是农夫请来左邻右舍帮忙将井中的骡子埋了。当这头骡子看到一铲接一铲的泥土落在身上时，它绝望地嚎叫，声音很凄惨。但出人意料的是，一会儿骡子就安静下来了。原来骡子发现，那就是当泥土落在它背上时，它可以将泥土抖落在一旁，然后站到泥土堆上面。就这样，骡子将大家铲到它身上的泥土全数抖落下来，然后再站上去。最后，这头骡子就这样走出了枯井。

骡子的故事告诉我们，生命的积极变化往往是从改变自我意识开始的。要培养孩子的抗逆力就要培养孩子客观的自我意识，当挫折迎面而来的时候，不要胆怯，也不要抱怨，而是要发挥自己的主观能动性，看看有什么应对方法和策略，尽全力去补救和解决。当事情无法改变的时候，也不要怨天尤人，而是学会坦然接受，从容应对。

明明班开展了"一帮一"活动，明明的任务是帮助一位不及格的男生达到及格线，由于这是好学生才有的机会，所以刚接到这个任务的时候，明明既兴奋又紧张，他对这个任务很上心，放学以后总是留下来，帮助那个男孩解答难题，回家后还不忘打电话提醒那个男孩多加练习。可是在学期快结束时，老师在班会上当着全班同学的面批评了明明，说他没能帮助同学共同进步。在随后改选班干部时，当了一年多小队长的明明落选了。

我们可以想象，当明明满怀信心和喜悦去做这件事，却受到老师批评的时候，他的心情会有多糟糕，我们也可以想象他有多委屈，但是这时候家长应该怎样做呢，是去找老师理论吗？是告诉明明别再尝试吗？或许我们该学学明明妈妈的做法。

这件事对明明的打击很大，他告诉妈妈他不想再去上学了，妈妈对他说："妈妈知道这件事情使你受了委屈。"听了这话，刚刚忍住不哭的他，眼泪又落了下来。妈妈接着问："告诉妈妈，你尽最大努力了吗？"明明使劲地点了点头。"这就可以了，你要知道，世界上很多事并不是你尽力了就一定能成功的。但只要你尽了最大的努力就可以了。"从这以后，明明知道了，不应当为无法改变的事实而苦恼，只要自己尽了最大的努力，就无怨无悔。

很多时候，我们都无法左右事情的发展方向，都会感到无能为力，那么这个时候我们应该怎么办？孩子本身就是脆弱的，在这种无力面前，他们显得尤为脆弱，这时候，家长能做的就是告诉他们，这个世界上有很多事情都不在我们的控制范围之内，不论成败，尽力就是对自己、对他人最大的负责。所以在失败面前也没有必要抱怨自己，没有必要为了难以改变的事实苦恼。

第九章

严于律己，做好时间管理，让孩子更自律

1．时间管理训练：培养孩子的时间观念

时间总是无情的，从来不给任何人第二次机会，过去了就永远不会再回来。而同时，时间又是公平的，只要人们认真把握它，它就能给予人们最丰厚的回报。时间对于人们来说很重要，只有把握住了时间，人们才能拥有未来，把握不住时间的人是不会有任何美好的回报的。对于孩子也是如此，良好的时间观念有助于孩子的健康成长。作为家长，从小培养孩子的时间观念是刻不容缓的责任。

观察一下自己的孩子是不是有很强的时间观念，审视一下自己的家庭教育有没有着重培养孩子的惜时习惯。如果你的孩子没有良好的时间观念，那么从现在起就应当开始抓了。

随着孩子自理能力的发展，一些磨蹭、拖拉等坏习惯也出现了。不少家长发现：孩子做事情总是拖拖拉拉的，喜欢磨蹭，半个小时就能完成的作业，他们需要两个小时；每天晚上玩到很晚才睡觉，早晨又喜欢赖床，导致上课经常迟到。

孩子缺乏时间观念，导致做事没有效率，经常拖延。从思想上看，缺乏时间观念的孩子没有追求效率的意识，完成任务的紧迫感不强，总想着今天做不完明天再接着做，明日复明日。这样的孩子在学习上也充满惰性，成绩自然不如别人。苏联教育家苏霍姆林斯基说："要学会强迫自己天天读书，不要把今天的工作搁到明天。今天丢弃的东西，明天怎么也补不上了。"培养孩子的时间观念，养成珍惜时间的良好习惯，对于孩子的成长是非常重要的。

守时、惜时的孩子，往往心智的成熟程度较高。在日常生活中，家长要有意识地培养孩子健康规律的生活习惯，懂得什么时间应该做什么事情，什么时间不应该做什么事情，使一天的生活富有规律性，保证有充足的体力和精力来面对学习和生活。比如该写作业时一定要认真写，写完后收拾利索才能去看电视和玩。这种良好的时间观念有助于孩子的健康成长。

自从上了小学，妈妈发现儿子做事、学习都非常磨蹭，本来没有多少作业，却拖拖拉拉写到很晚，说了很多次也不管用，惹得妈妈又气又急。

后来，妈妈想了一个办法。她跟儿子约定，以后做作业的时间只有半小时，到时间就准备睡觉。在妈妈把闹钟上好的同时，儿子开始做作业。等到半小时后，闹钟响起来了，儿子还有两行生字没写完。儿子乞求妈妈再给他五分钟的时间，但妈妈毫不犹豫地说："我们规定的时间到了，收拾好东西，准备洗漱睡觉。"

第二天，妈妈把儿子没做完作业的原因告诉了老师，老师十分支持妈妈的决定。等到这天晚上，妈妈刚定好闹钟，儿子就立马抓紧时间写作业，不敢再开小差，结果顺利地在半小时内做完了作业。从这以后，儿子做作业的速度和质量都提高了。令人欣慰的是，在做其他事情的时候，儿子也都会有意识地给自己设定一个时限，有计划地去做。

可见，培养孩子拥有时间观念，对他们的影响不只是在学习上能自律，在生活中做其他事情也能自觉遵守时间。没有时间观念的孩子，很少要求自己何时何地完成什么，这样会导致孩子做事没有条理，学习没有计划。在人生的道路上，做事没有条理、没有计划的孩子将会比其他人走得更辛苦。

面对那些时间观念淡薄，做事磨磨蹭蹭，不管是吃饭还是做作业都要慢上半拍的孩子，我们应该怎样帮助他们珍惜时间、提高做事效率呢？

方法一：制定严格的时间表。

家长与孩子商量好做作业的时间和休息的时间，制定好时间表后就必须执行。比如早晨六点到八点，大脑清醒，思维灵活，是学习的黄金时间；晚上六点到十点，回顾当天所学，并完成作业。刚开始孩子可能对时间把握不好，家长可以时不时提醒，比如说已经几点了、还剩多少分钟等，这样做能使孩子具有一定的紧迫感，加强注意力，最终提升其学习效果。

方法二：给孩子建立干净和安静的环境。

孩子的注意力容易分散，做事经常三心二意，耗费时间。在书桌上尽量不放平日他们感兴趣的非学习用品以免分心。另外，在孩子学习的时候，家中不要有过多的噪声，如大声吵架、看电视剧等，给孩子提供相对安静的学习环境。当环境干净并安静时，孩子比较能集中注意力，久了就养成习惯了。

方法三：帮助孩子养成按计划做事的习惯。

帮孩子制订合理的学习计划，并要求孩子按计划完成任务。比如，所有作业必须在规定的时间内完成。引导孩子有计划地学习和做事，使其在学习、做事中不再拖延。

方法四：给孩子一些自由支配的时间。

让孩子试着去规划做事的时间，把需要完成的学习任务进行一个时间预计。如果孩子在计划好的时间内完成了，剩下的时间可以让孩子自由支配，这样孩子会抓紧时间完成作业，因为早写完就可以有更多的时间做自己想做的事情了。

父母教育孩子树立起时间观念，不仅要让孩子正确认识时间的价值，还要教给孩子高效地利用时间的方法。当孩子按规定去做并取得初步成效时，家长应该及时给予肯定和奖励，这种奖励应以精神奖励为主，必要时也可用物质奖励。另外，家长和孩子也要相互监督，不管是谁，没有遵守时间，就应该受到惩罚。最重要的是，不管是惩罚还是奖励，都应该及时兑现。

2. 培养惜时观念要从闹钟计划开始

时间对于每个人都是公平的，谁把握住了时间，谁就把握住了成功的密钥。很多成功人士都将时间视为生命，把时间看得很重，一分一秒都不随便浪费。他们的成功源于对时间的把控与珍惜。对于孩子而言，他们的生命才刚刚开始，拥有强烈的惜时观念能够帮助孩子坚实地走好今后人生的每一步。

浩浩妈妈非常重视对孩子时间观念的培养，在这个过程中，她充分发挥了闹钟的作用。在浩浩两岁半的时候，浩浩妈妈拉着浩浩来到商店里买了一只非常精致漂亮的闹钟。从此之后，在浩浩的生活中这个闹钟的声音就时不时地回荡着。

　　放学了，回到家里，浩浩走进屋的第一件事情就是拨动闹钟，将闹铃时间定在四十分钟之后。这个时间段是浩浩完成作业的时间。只见浩浩立即走回自己的房间，铺开书本，开始做作业。而浩浩妈妈则会立即来到厨房，为一家人准备丰盛的晚餐。在这个时间段，屋子里面静悄悄的，除了厨房里有一些声音。四十分钟之后，闹钟的声音响起。浩浩打开房门，妈妈也已经将晚餐准备好。浩浩再一次来到闹钟面前，拨动表针，将时间定到一个小时之后，这段时间是家人们用餐和放松的时间。接着，家里面开始热闹起来——响起家庭成员们纷纷洗手的声音、欢快聊天的声音、用餐的声音、整理餐具、收拾家务的声音等等。一个小时后，闹钟的声音再次响起，全家人立即开始换衣服、换鞋子，因为室外散步的时间到了，他们要进行餐后百步走。

　　很快，愉快的散步结束了，一家人回到家里，各自开始生活了。闹钟被定在了一个小时之后，这段时间是浩浩预习功课和温习重点的时间，浩浩会将当天的功课回顾、总结一遍，将重要的知识点提炼出来规整好，再将第二天的课程预习一下。而浩浩的父母则会利用这一个小时时间读读书，提高个人素质。短短的一个小时时间，全家人做了很多很多事情。

　　当闹钟的声音再次响起时，睡前准备的时间到了。家人互相拥抱之后，各自上床准备入睡。这时，浩浩会从书柜里选出一本感兴趣的课外书来读。书柜里的书大多是浩浩在家长的陪同下一起从图书馆里借回来的，都是一些非常不错的读物。浩浩非常喜欢阅读这些书籍，从中了解到了很多以前不知道的事情。一个小时之后，闹钟的声音再次响起。浩浩放下书，关上灯，安静地睡下了。

　　这样的生活习惯是浩浩从小便养成的。按照这个习惯作息，浩浩从来没有觉得生活很紧张，事情很多做不完。他的生活总是有条不紊，非常有规律，而且浩浩在各个方面都表现得非常好：成绩优秀、性格温和、冷静沉稳、待人友善……随着时间的推移，浩浩身上体现出越来越多的优点。

　　事例中的浩浩将时间利用得非常充分。从小养成的惜时习惯让浩浩的生活非常幸福、有节奏且收获颇多。浩浩没有像其他小朋友那样一放学就像打仗一样，急急忙忙地吃上一口饭，就赶忙奔赴各种课外辅导班，每天都忙到很晚很晚，还总是成绩跟不上。这种现象可以说是很多中小学生的常态。其实，只要每天将孩子的时间安排好，根本就不用上那些课外辅导班。

对此，建议家长多多发挥闹钟的作用。孩子的年龄小，贪玩心理过重、自控力不强，真的让孩子做到自觉提高时间的利用率的确有些不现实。而闹钟的作用恰恰能够弥补这点不足，制订完善的计划，然后定好时间，让闹钟来提醒孩子到了该做某件事情的时间了。久而久之，孩子的惜时意识就会在不知不觉中增强。

所谓"世上无难事，只怕有心人"，很多事情只要多用心、多动脑筋，找到合适的方法，就能够拥有完美的结局。提高孩子的惜时意识也是如此，在很多家长看来这简直是难于上青天，却不知是自己采用的方法不对。家长不妨尝试一下从闹钟计划开始，培养孩子的惜时意识，一定会有意想不到的收获。

3."一寸光阴一寸金"，进行时间教育

人们常说"一寸光阴一寸金"，事实上，光阴比金子还要珍贵。时间不仅能够带给人们财富，更能带给人们一切的幸福与成功。没有了时间，幸福的生活、辉煌的成功、健康的身体都将不复存在。时间就是生命，珍惜时间就是珍惜生命，就是对自己只有一次的生命的最高尊重。那么，作为家长，你对孩子的时间教育是否做到位了？

"妈妈，你为什么一边做饭一边洗衣服呢？看你满头大汗，忙得团团转，如果一次只做一件事情，不就轻松多了吗？"儿子总是这样懂事，也总是喜欢问为什么。妈妈放下手中的活儿，认真地对儿子说道："好孩子，在做饭的时候，会有很多空余的时间，如等待米饭蒸好的时间、等待锅里的水烧开的时间等等。在这些空余的时间里，我可以去洗衣服或是做其他家务活儿呀。这样一来，就能节省出很多时间了，不会造成时间的浪费。"

儿子似懂非懂地点了点头："但是妈妈，时间非常宝贵吗？浪费一点点

都不行吗？"

"当然了，儿子，时间特别特别珍贵，比你的超级机器人还要珍贵。如果我们能够节省出一点点时间，那么可以换无数个超级机器人呢。"妈妈说道。

"真的呀，妈妈。时间这么宝贵呀，那我也要珍惜时间，不再浪费时间了。"

时间对于每一个人来说都是非常宝贵的资源。家长应该让孩子充分认识到时间的宝贵性，从而增强孩子的惜时意识，珍惜每一分每一秒。在当今这个高速发展的时代里，时间的重要性尤为突出，很多成功都来自一分一秒的争取。把握不住这些小光阴，就不会有大的作为。正如事例中的母亲，她用自己的实际行动向孩子展示了应该怎么利用好时间。同时，她还站在孩子的角度上，巧妙地告诉了孩子时间的重要性，在孩子的潜意识中种下了"一寸光阴一寸金"的时间观念。

下面简单总结几种对孩子进行时间教育的小方法。

（1）将时间比作具体的、孩子平日最在意的实物

很多时候，孩子由于理解力有限，不能理解家长常说的"时间就是生命""时间是最宝贵的""一寸光阴一寸金"之类的语言，他们可能会疑惑，时间为什么是最宝贵的。向孩子解释太多、讲太多的大道理并不能让孩子明白时间的宝贵性，最好的方法就是将时间比作孩子平日里最喜爱、最在意的实物，如某件玩具、某件衣服、某双鞋子等等。有了这些实实在在的物品做比对，孩子就能够充分地理解时间的重要性了。

（2）加强孩子对零碎时间的利用率

"妈妈，我就看一会儿电视。""妈妈，我再睡一会儿。"……孩子们总是喜欢磨蹭来磨蹭去。对于孩子的这一坏习惯，家长应立即予以纠正，不要觉得"一会儿时间不长"，便由着孩子去。即便是一分钟也是非常宝贵的，也是能做很多事情的，如一分钟能与一个人进行简单明了的沟通，一分钟也能行走50米左右的距离，一分钟甚至能够决定一场战役的胜负。在现实生活中，很多重要的事情能否取得成功都是由每一分钟能否被充分利用所决定

的。因此，家长千万不要忽视每一分每一秒的时间，也要坚决杜绝浪费一分一秒。小习惯决定大人生，从小就帮助孩子养成珍惜时间的习惯，长大了才能拥有成功的人生。

（3）以身作则，教育孩子

家长作为孩子的启蒙老师，在要求孩子珍惜时间的同时，一定要以身作则，为孩子树立良好的榜样。很多家长在日常生活中拖拖拉拉、浪费了很多时间，孩子耳濡目染也会拖拖拉拉、浪费时间。因此，家长在日常生活中一定要珍惜时光，将时间合理安排好，这样才能在无形中影响孩子。要知道，让孩子亲眼看到、亲身感受到的教育才是最好的教育。

时光匆匆如白驹过隙，我们想抓也抓不住，唯有充分利用它，不浪费每一分每一秒，才能防止时光白白流逝。教育孩子更应如此！

4．制订家庭生活作息时间表

我们总说时间珍贵，没错，时间的确非常珍贵。想要提高时间的利用率，其中一个重要方法就是制订时间表，将要做的事情按顺序提前安排好，避免做起事情来杂乱无章。

对于家庭教育而言，制订家庭生活作息时间表对增强孩子的时间观念有着非常重要的作用。现在很多家长总是嘴上说要重视对孩子的时间观念的培养，而实际上呢，他们每一天在单位里忙得团团转，生活上乱七八糟、毫无章程，根本就抽不出时间来好好培养孩子的时间观念。同时，杂乱无章的生活节奏对培养孩子的时间观念也是有百害而无一利的。而制订家庭生活作息时间表就能够很好地解决这个问题，不仅能让家长摆脱忙碌的生活节奏，做起事情来有规有矩，还有助于孩子建立起良好的时间观念。

既然制订家庭生活作息时间表有这么多好处，那么家长到底应该怎样制订时间表呢？

首先，时间表的制订一定要结合实际生活。如家长每天八点钟需要上班，那么，就必须在八点之前整理好一切。可以这样制订时间表——

六点半起床，妈妈洗漱然后准备早餐；爸爸负责整理被褥和帮助孩子起床、整理孩子的被褥，然后洗漱。

六点五十五分用早餐。

七点半准时离家，送孩子上学。

这样八点之前，家长是一定可以去上班的。早上的时间也会非常充裕、有节奏。

晚上可以这样安排——

五点放学，五点二十分回到家中，孩子先做作业，家长准备晚饭。

六点准时开饭，这个时候，孩子的作业也基本完成了。

六点半用餐完毕，一家人可以在一起聊聊天或是看看电视放松一下。

七点二十分家人准时出去散步。

八点回到家里，孩子可以温习一下功课；家长可以读读书、看看专业资料。

八点五十分开始洗漱。

九点十分上床。孩子睡前可以读读课外书，或是听听音乐。

九点四十分准时熄灯睡觉。

这样的时间安排既能保证孩子顺利完成学习任务，又能保证孩子的休息时间和放松时间，工作、学习、锻炼全部都能有计划地进行。

其次，休息时要调整时间表。周末的时候，孩子不上学，家长也有了空余时间。这时，家长需要花时间多陪陪孩子，到郊外走走，让孩子多接触一下大自然。时间表可以这样做——

周六的时候，家长和孩子进行一些有意义的外出活动，如旅游、爬山、访友等等。这样既能舒缓孩子紧张的精神，又能增加孩子与外界接触的机会，有利于孩子的健康成长。

周日的时候，上午七点起床，七点半吃早饭，八点出门散步，八点四十分准时回家做作业。上午的时间主要用于孩子做作业，其间孩子可以走出书房吃点水果，活动活动。等到中午的时候，孩子的作业基本上已经完成，正常午休之后，家长可以将下午的时间用于打扫卫生，整理下周需要穿的衣物，让孩子也参与到打扫卫生的活动中，尽一名家庭成员的义务。

这样的安排，不仅达到了放松的目的，还确保了孩子按时完成作业，独立清洗衣物，整理家庭卫生各项工作的顺利进行。

有了这样的时间安排表，家长和孩子再也不用过杂乱无章的生活了，再也不会出现作业完成不了、家长上班迟到的现象了，时间被充分地利用起来，各项工作就能按部就班地进行了。这才是我们想要的家庭生活，这才是孩子需要的家庭环境。这样一张小小的时间表将我们的生活、学习和工作有序衔接了起来。正所谓"磨刀不误砍柴工"，先制订好科学、合理的家庭时间表，然后再按部就班地进行，每天如此，定能获益良多。

5. 重视时间，做事自然能高效率

很多孩子认为自己还很小，有很多时间，浪费一点也没关系，很多家长也是这样认为。而事实绝非如此，没有任何人的时间经得起浪费，即便是幼小的孩子。

常纯和常杰是一对双胞胎。两个孩子的长相很相似，性格却截然不同。常杰非常文静且思想成熟，深得父母和老师的喜爱；而常纯则不同，性格浮躁、贪玩，总是一副不成熟的样子，让家长操了很多心。

就时间观念而言，常杰非常有时间观念，从小就懂得时间的宝贵，从不浪费时间。为了能够提高时间的利用率，她总是千方百计地节省时间。用她的话讲："时间这么宝贵，我一定要充分利用起来，让它发挥出最大的价值。"而常纯却从来不思考这些，她更关注今天穿什么衣服、去哪里玩。她认为，时间还很多，何必把自己逼得那么紧。于是，当常纯还在呼呼大睡时，常杰就已经完成了晨练，并且默诵了三十个英语单词和一段英语美文。常杰帮助妈妈将早餐摆好之后，常纯才揉着蒙眬的睡眼开始洗漱。接下来，为了不让常杰再催促自己，常纯开始了火急火燎的忙碌，甚至连早餐都来不及吃，就赶忙跑着上学了。

时间是公平的，你怎样对待它，它就会怎样回报你。常杰非常重视时间，将每一分每一秒都充分利用了起来。几年下来，她的英文水平远远超过了常纯，几乎每次英文考试都能拿到满分，而常纯却总是不及格，经常被请家长。为此，她们的父母非常苦恼。

在现实生活中，这样的情景非常常见，有的孩子做事情迅速、利落，从不拖拉，时间观念非常强；而有的孩子却截然相反，做事情没有计划性、拖拖拉拉，一点时间观念都没有，这样的孩子丝毫不在意宝贵时间白白流失，更别提做事效率了。面对这样不重视时间、做事没有效率的孩子，家长一定要纠正孩子的时间观念，对孩子多强调时间的重要性，让孩子早日成为一名有时间观念的人。重视时间需要从很多方面着手，例如：

（1）要求孩子今日事今日毕。在当今这个信息高速发展的时代里，效率决定一切，没有效率的孩子是不会取得任何成绩的。

（2）分秒必争。有位伟人曾说："百丈之台，其始则一石耳，由是而二石焉，由是而三石，四石以至于千万石焉，学习亦然。今日记一事，明日悟一理，积久而成学。"很多家长和孩子都认为，学习、读书需要大块时间，零零散散的时间不足为道。在这样的观念影响下，孩子是不会成功的。时间就像大海里的一滴滴水，分开来看的确不起眼，但是汇在一起却广袤无垠。

（3）早睡早起、规律作息。古人说"一日之计在于晨"，的确如此。早早起床，是美好一天的开始，作为家长，不要放纵孩子养成睡懒觉的习惯。正常的作息习惯是重视时间、尊重自然规律的表现，也是做事高效的重要因素。

另外，从科学的角度来讲，睡懒觉不利于身体健康，容易让人处于混沌的状态中，导致一整天都萎靡不振。在这样的精神状况下是不会有高效率的，必然会造成时间的浪费。

除此之外，家长还应从孩子的心理方面入手，多关注孩子的心理发展，找出孩子不重视时间的原因，从根源上解决问题，让孩子从内心深处认识到时间的重要性，从而发自内心地珍惜时间、提高效率。

6.引导孩子学会合理安排时间

时间就是生命，青少年要从小养成合理安排、利用时间的好习惯，对自己的将来负责任。家长更有责任和义务引导孩子学会合理安排时间。那么，应该怎样引导孩子学会合理安排时间呢？

"一日之计在于晨"，引导孩子学会合理安排时间的第一步就是早早起床。

早起是一个人有动力、精神面貌良好的表现。孩子是早上八九点钟的太阳，更要充满朝气和活力，不要养成每天赖床的坏习惯。家长要帮助孩子从小养成早睡早起的好习惯，不能纵容孩子赖床的坏习惯。

经过一晚的休息，早上是孩子精神面貌最好的时候。家长应告诉孩子将最重要的事情放到早上先做。这就要求孩子学会给各种事情"排队"，分清主次，做好计划。这个过程其实并不复杂，家长可以根据孩子的年龄用孩子听得懂的话语告诉孩子什么才是最重要的事情。例如，对于刚刚上幼儿园的孩子就可以这样说："老师让画一幅画，明天交给老师，你觉得这件事情重要还是欣赏动画片重要呀？动画片不看老师不会生气，可是画如果没有画完，老师可能会生气哟。"很多小朋友都不希望让老师生气，因此，他们会选择去做自己认为重要的事情。

一个家长带着孩子找到一位教育专家，说："您帮帮我吧，我实在是没有办法了。我的孩子今年上初三了，以前学习成绩很好，考上重点高中是没有问题的。自从孩子上初三开始，每天都非常努力，经常读书到深夜，早上天还没亮就起床学习。可是成绩不仅没有任何进步，还不断倒退。眼看着孩子的成绩离重点高中的分数线越来越远，我们简直都急死了。孩子自己也很着急。"

教育专家听完家长的描述，看了看旁边萎靡不振的孩子，问道："孩子，累不累呀？"孩子点了点头。"是这样的，就现在的情况来看，你需要做的不是去关注重点高中的分数线，而是按照正常的作息时间学习和生活。"专家说道，"如果从现在开始，你不能按照正常的作息时间学习、生活，那么不要说重点高中了，连普通高中你都可能考不上。"家长和孩子点了点头，回去了。

中考结束后，这个家长再一次带着孩子找到了这位专家，说道："孩子已经顺利考入了重点高中，但是有一点我们不明白，为什么孩子越是努力成绩越是下滑，而当孩子按照您说的，正常休息，正常学习，不再利用课后时间学习了，成绩反而开始上升了呢？"专家笑了笑，说道："那哪儿是努力学习呀，分明是在做无用功，不仅不能提升成绩，还会因为体力不济而导致注意力不集中，连正常的课堂时间都不能集中精力学习。"

孩子说道："还真是如此，以前每晚学到深夜，第二天都会觉得头昏脑涨的，上课不仅不能认真听课，还总是打瞌睡。后来按时睡觉之后，老师讲的知识点我全部都能理解了。"

"对了，只有休息好，才能充分利用学习时间，才能提高效率。"专家总结道。

这个事例告诉我们，合理安排时间，按照科学的作息时间作息，就能保持精力充沛，提高时间的利用率，达到事半功倍的效果。

引导孩子学会合理安排时间还要杜绝拖沓的现象。想要改掉这一坏习惯，建议家长从现在开始，严格规范孩子做事的习惯，要求孩子在做事情时一心一意，不能三心二意。

综上所述，家长在引导孩子学会合理安排时间的过程中一定要重点关注以下四点——充分利用早上的时间；将事情理顺，分出轻重缓急来；合理作息，劳逸结合；杜绝拖沓。只有做好了这四点，孩子才能做到合理安排时间。

7.儿童时间管理训练法

惜时是一种美德，每个人都喜欢与时间观念强的人打交道。如果我们的孩子是一个有强烈时间观念的人，那么他会给身边的人留下诚信、可信的印象，会在以后的人生道路中获得很多的优质标签。

让我们测试一下孩子的时间管理能力。

（1）孩子有没有"明日复明日"的习惯？

（2）孩子有没有列时间表的习惯？如果有，能不能长时间坚持下去？

（3）对于打乱孩子计划的人和事，孩子有没有勇气说"不"？

（4）孩子做事情是不是一心一意？

（5）孩子对自己做的事情，有没有时间限制？

（6）孩子能不能按照事前商量好的时间进行娱乐？

（7）孩子会不会经常反省自己的时间利用率，并及时纠正？

（8）孩子会不会克制不住诱惑，将时间浪费在没有意义的事情上。

很多孩子都有良好的时间管理能力，都懂得时间的重要性，因此，这些孩子非常优秀，在短短的时间里养成了很多好习惯。当然，也有很多孩子没有良好的时间管理能力，浪费了很多时间，即便他们看起来非常忙碌，但却什么事情也做不好，什么收获都没有取得。这就是不同的时间管理能力带来的不同结果。

下面介绍几种儿童时间管理训练法。

（1）时间表法

提高孩子的时间管理能力，最好的方法就是帮助孩子合理安排时间。如制订一个合理的作息时间表。当然，这个时间表需要根据孩子的实际情况而制订，要符合孩子的兴趣和特点，并征得孩子的同意，不能急功近利，对孩子要求太高；还需要综合考虑各种因素，让孩子在学习、锻炼、休息和娱乐时都有充裕的时间，这样孩子才能健康成长。同时，家长还要根据孩子的成长情况及时变更时间表。制订时间表的最终目的在于实施，家长应及时跟进孩子的执行情况，对孩子进行一段时间的监督，久而久之，良好的习惯就会养成。

（2）榜样引导法

家长可以利用日常的生活细节，让孩子参与到节约时间的实际活动中去。比如，洗衣服的同时做些健身运动，看电视的同时做些家务，干家务活的同时和身边的人聊聊天。这些日常生活中的琐碎时间最容易被人忽视，而在这些琐碎的时间里往往能够创造出很多奇迹。

（3）按时作息、劳逸结合法

玩是孩子的天性，孩子是在玩中成长的。家长不要抹灭孩子的天性，违反自然规律。但凡按时休息、按时起床、按时睡觉、按时学习的孩子，都身体健康、自立能力强、性格温和、学习成绩良好。

事实上，按时作息、劳逸结合恰恰是重视时间、合理利用时间的表现。家长要让孩子从小按照合理的作息时间进行作息。不会休息的人就不会学习，每个人都有自己的生物钟，这个生物钟一旦形成就不容易被改变，因此，保证孩子充足的休息时间也是提高时间效率的妙法。

（4）急事缓做，慢慢延长孩子学习的时间

很多孩子都非常好动，注意力很难集中，家长对此也是一筹莫展。对此，家长可以采用短时间学习法——在孩子注意力集中的时间段安排孩子学习，当孩子的注意力不能集中时，不要勉强孩子；要慢慢延长孩子的学习时间，不要心急。

孩子不像成年人那样对时间的重要性有充分认识，也不像成年人那样有着良好的自我控制能力和时间管理能力。因此，家长要帮助孩子制订出适合他们的时间管理训练法，从而养成孩子良好的时间管理能力。每一种时间训练方法都有其优点和缺点。家长朋友在为孩子制订合理的时间训练方法时，没有必要完全套用他人的训练方法。因为每个孩子都有其特点，我们需要根据自己孩子的特点为他们量身定制出最适合他们的方法。

第十章

逆势成长：警惕孩子在挫败中失控

1. 小测试：你的孩子抗挫能力怎么样

在孩子的成长过程中，会经历很多个"第一次"，比如第一次翻身，第一次叫妈妈……凡此种种都会令父母十分高兴，但是有一种第一次我们却希望它晚些到来，那就是孩子第一次遭遇失败和挫折。虽然童年很快乐，但就像学走路时会摔跤一样，挫折也总有一天会到来。在各种挫折面前，家长该如何帮助孩子勇敢面对挫折，顺利解决问题，俨然成了一个十分重要的问题。

抗挫力也叫逆商，它是指人们面对逆境时的反应方式，也指面对挫折、摆脱困境和超越困难的能力。面对生活中纷繁复杂的未知挑战，你的孩子抗挫力足以应对了吗？

我们都知道，每一个孩子在学习和生活中都会产生挫折感，只是所感受的程度不同罢了，因此有些孩子很快就能调整好自己的状态，但有的孩子却会一蹶不振。考试不好的人有很多，受到老师批评的人也很多，可是为什么有些人选择一笑置之，有些人加倍努力，而有些人却一蹶不振呢？其实这跟孩子自身的抗挫力有很大关系。正是因为没有经历过太大的挫折，没有面对过太大的失败，才会因为一次没有考好，受到老师的批评而感到万念俱灰。因此，我们必须帮助孩子学会勇敢地面对生活中的挫折，能够积极乐观地面对生活。

为了帮助孩子树立乐观自信的心态，远离脆弱与忧伤，父母可以尝试着从下面五个步骤，培养孩子的抗挫力。

第一步，给予孩子适时适当的鼓励。

在孩子的成长过程中，鼓励是必不可少的。相信父母都有这样的经历，当孩子做了一件好事的时候，如果父母能够及时对他们进行表扬，孩子就会更加愿意去尝试，愿意继续坚持下去。所以当孩子面临挫折时，父母要鼓励孩子拿出信心和勇气，勇往直前。当孩子取得一定成绩时，更要及时加以肯定，让孩子看到一分耕耘一分收获，从而更有信心地去面对新的困难。

第二步，对孩子进行有益的心理疏导。

当孩子遇到挫折之后，情绪上往往会有很大的变化，如果家长能够细心观察，一定能够感受得到。这时候如果能对孩子及时进行疏导，帮助孩子分析遭受挫折的原因，找出失败的症结，就能够有效避免孩子的情绪严重受挫。家长要让孩子明白，从哪里跌倒就要从哪里爬起来，并且要时刻以乐观积极的态度去影响和感染孩子，丰富他们的生活经验，教会他们客观地看待生活中的事物。

第三步，对孩子进行启发与激励。

由于孩子的身心发展还不完善，所以他们有时会拒绝尝试新的事物，但是如果父母能够有启发性地询问孩子的想法和看法，允许孩子在尝试的过程中犯错误和改正错误，即便孩子在尝试中失败了，他们也会觉得有所收获，而当新的挑战来临时，他们才能够有勇气再次尝试。只有在一次次的探索与实践中，孩子才能够成长。

第四步，教孩子学会扬长避短。

每个孩子都有自己擅长和不擅长的地方，当孩子在自己不擅长的领域遭受失败的时候，比如画画怎么画也画不好，父母不妨告诉孩子去尝试一些别的项目，如唱歌、跳舞，也许孩子能从中发现自己的特长，从而获得更多的自信。

第五步，营造良好的交往环境。

都说父母是孩子最好的老师，所以父母首先要给孩子树立正确的榜样，让孩子可以从自己的身上学会如何处理生活中的困难，通过潜移默化的方式，让孩子受到感染，更好地与同伴合作，从而提高解决问题的能力。同时，通过同伴之间的相互交流和指导也能够帮助孩子更好地认识他人和自己，克服以自我为中心的缺点。这些都有利于孩子抗挫力的培养。

2．告诉孩子如何面对"不如意"

父母都想为孩子遮风挡雨，但是溺爱会让孩子成为无法经受风吹雨打的温室之花，不但不利于孩子的成长，而且有可能影响孩子的一生。所以，当困难降临时，父母不要急着帮助孩子解决，而是应试着给孩子承受和自主解决的空间。只有孩子真正解决过困难，他们才会变得更加坚韧、果断和睿智。在孩子的成长之路上，父母一定要教会孩子如何面对生活中的"不如意"。

为了帮助孩子更好地面对生活中的"不如意"，父母必须首先培养孩子的意志力。意志力有助于孩子从容地面对外界的各种诱惑，有助于孩子勇敢地面对前进途中的各种挫折，有助于孩子更清醒地认识到事物的利弊，从而使得孩子朝着自己的终极目标不断地努力。意志力强的孩子，不论做什么事，都显得更加理智，他们能够对问题进行深思熟虑，从而衡量出事情的轻重缓急，因此，当他们面对一些复杂困难的问题时，往往能做到应对自如，也正因如此，他们更容易进入成功的大门。

父母如果希望自己的孩子能够在人生之路上勇往直前，越走越顺，就必须要重视培养孩子的意志力，这不仅是在为孩子塑造良好的性格，而且是在帮助孩子抵抗未来的各种诱惑。更重要的一点是，具有坚强意志力的孩子往往是自信心很强的孩子，他们相信自己能够克服困难，在这种心理暗示下，他们也真的能够克服困难。

一个小男孩头戴球帽，手拿球棒与棒球，准备齐全之后他就来到院子里。"我是世上最伟大的击球手。"他似乎很自信，一使劲棒球就飞到了空中，小男孩瞅准时机，用力一挥，没想到他手中的球棒错过了棒球。但是他并没有气馁，整理了一下自己的衣服，对自己轻轻说了句："没关系的，你能行！"于是又一次将球抛起，嘴里喊着："我是世上最伟大的击球手。"没想到他的球棒还是打空了。小男孩一下子呆住了，接下来的时间里，他没有急于挥动手中的球棒，而是仔细地对球棒与棒球进行了一番检查，然后慎重地把球扔到空中，口中依旧喊着："我是世上最伟大的击球手。"可是，他第三次的尝试依然以失败告终。

最终小男孩也没有击中棒球，但是他却一次又一次地尝试，不断给自己打气、加油，使自己信心十足。当然这一切都被他的爸爸看在眼里，如果你是小男孩的爸爸，你会怎么做呢？

看到孩子一次次失败，又一次次鼓起勇气，他的爸爸终于忍不住走了过去，轻轻拍着男孩的头说："孩子，你感觉怎么样？"男孩说："爸爸，我感觉我不是最好的击球手，我很难过。"这时爸爸缓缓地说："是的，你确实不是最好的击球手，相反，你没准是最差的击球手呢！"听到爸爸这么说，小男孩似乎更伤心了，但爸爸接着说，"不过，不知道你发现没有，你可是一个一流的投手呢！"小男孩歪着头想了想，他的眼睛一下子亮了，他突然从地上高高跳起："对哦，我是一流的投手！好耶好耶！"

为了不打击孩子，不让孩子失去信心，爸爸教会小男孩从另一个角度去看问题。不可否认，小男孩在投球方面确实做得比击球要好，爸爸用另一种方法教会孩子欣赏自己，也为我们帮助孩子面对"不如意"提供了另外一种思路。

自我激励对一个人的成长有着非常重要的意义。父母应当多给孩子一些正面激励，同时也应当教他如何进行自我激励。因为一个懂得自我激励的孩子会将生活和学习中遭遇的挫折看轻，一个懂得自我激励的孩子往往能够及时地发现并挖掘出自身的潜力。他的自信心以及给自己加油打气的行动会让他在困难面前无所畏惧。

每个孩子的成长过程中都会遇到各种各样的挫折和不如意，没有谁的未来是一帆风顺的，总会遇到狂风暴雨和泥泞，父母也不可能一直陪在孩子的身边，帮助孩子应对困难。父母能做的就是教会孩子如何面对那些阴霾，教会孩子看到星光般的希望，让孩子积极地看待生活，让乐观的信念激励孩子走出困境。

3．换个角度，困境也是一种赐予

有一次，欣欣和天天在公园玩沙子，由于欣欣没有小桶，她就向天天借，但是天天说他自己还要用，不想借给她。欣欣感到很受挫，于是向妈妈求援。妈妈问欣欣："你想要那个小桶呀？"欣欣点点头。妈妈继续问：

"你没有向天天哥哥借吗？"欣欣说："借了，天天哥哥说他自己还要用呢。"妈妈接着说："那你有没有问问天天哥哥他不用的时候能不能借给你啊？"欣欣说："没有，不过我想他也不愿意。"妈妈接着说："那你不试试吗？"欣欣说："我不敢……"于是妈妈对她说："我带你去好吗？"欣欣同意了。

妈妈领着欣欣来到天天身边，然后转身对欣欣说："你和天天说吧！"欣欣的语气还有点虚弱，但是想到妈妈就在身边，终于开口问："天天，你现在可以把小桶借给我了吗？"天天说："嗯，我已经用完了，给你。"妈妈笑着对欣欣说："你看，再和天天哥哥说一遍，他就给你了。"

孩子在和其他小朋友相处的过程中会遇到很多问题，也会感受到很多挫折。如果父母只是以自己的孩子为中心，动用自己的力量帮助他们解决问题，那么孩子永远也不可能成长。欣欣的妈妈没有直接帮她借来小桶，而是鼓励孩子自己去争取，通过一种默默陪伴的方式，帮助孩子解决了面临的困难，使得困难不再是孩子的绊脚石，反而成了孩子勇气的来源，成了一种赏赐。

有一个女孩在竞选班长的时候，受到了同学的非议，因为她的妈妈是本校的老师，所以当女孩的票数很高的时候，就有些同学不服气了，说她是因为她妈妈的原因才能够当选班长的。女孩很伤心，回到家就忍不住向妈妈哭诉，妈妈听完，既没有去向女儿的班主任反映，也没有太多地安慰女儿，她对女儿说："妈妈知道你很不开心，现在呢，有三种方法可以选择，第一种就是放弃当班长，第二种就是找那些同学去理论，说你不是靠妈妈的关系才当上班长的，第三种就是做好这个班长，用实际行动去证明自己的能力，让那些同学心服口服。你觉得哪个办法好呢？"女孩说："当然是第三种。妈妈，我选第三种。"从此以后女孩更加积极努力，全心全意地为班级服务，最终得到了老师和同学的认可。

试想一下，如果女孩选择了前两种方法，结果会怎样呢？也许会在她小小的心里留下阴影，让她失去勇气和信心。她妈妈的做法非常好，通过让孩子转变思维方式，把同学的质疑当作动力，只是换了个角度，就让孩子不再拘泥于自己的失落之中，而是着眼于未来，通过实际行动证明自己，而且她也成功做到了，最终得到大家的认可，所以先前的困难对她来说，更多的是一份恩赐，一种收获。

　　文文在小升初的考试中失利，没能进入当地最好的初中，为此她很受打击，也失去了自信心，学习成绩也一落千丈。文文的爸爸对此很焦虑，担心女儿会因此而抑郁。有一天，爸爸偶然看到女儿过去写的作文，想到女儿的写作也获得好几次奖了，他突发奇想，既然女儿这么擅长写作，何不帮女儿出版一本小书呢？听了爸爸的建议，文文连连摇头，说："爸爸，我不行的，我写不好。"但爸爸鼓励她说："你写得很好，我在你这么大时，写不出你这么好的文章！"文文被爸爸的热情打动，最终愿意试试。经过一段时间的努力，女儿的小书终于完成了，出版之后，受到了很多人的喜欢。在大家的赞扬声中，文文逐渐恢复了自信，学期结束时，她的成绩也取得了很大进步。

　　如果文文沉浸在考试的失利之中不能自拔，也许不会重新取得好成绩。但在爸爸的引导下，文文换了一种角度，不再单单注目于升学的失败之中，而是重拾写作的兴趣，并且最终出版了自己的小书。

　　其实生活中的很多困境，是为了帮助我们学会勇敢，学会坚强。不要让孩子因为失败而过度忧伤，教他们学会换个角度去看问题，到时候，孩子就会发现，生活中有些阶段，正是因为有了困境才美丽，人生正是因为有了困境而更加多姿多彩，困境有时候是一种赐予。

4．逆境是培养孩子坚强的最佳机会

　　美国的职业培训师保罗·史托兹提出了"挫折商"的概念，他从四个方面考察人的挫折商：控制、归因、延伸、忍耐。简单地说，挫折商高的人，会觉得自己对局面有掌控能力，遇到挫折会主动承担责任，并相信自己可以设法化解挫折，将挫折的后果控制在一定范围内，不会无限蔓延，懂得在逆境中坚持。

抗挫力对于孩子至关重要，而最好的培养孩子抗挫力的途径就是逆境。人生的旅途上是荆棘丛生的，在温室中长大的孩子，无法适应社会的残酷，所以，让孩子从小经历逆境是非常有必要的。

事实证明，在逆境中成长起来的孩子往往更具有生存能力和竞争能力，这是因为他们既有失败的教训又有成功的经验，而这样的人在面对困难时更趋于成熟，他们能把挫折看成一种财富，具有常人所没有的笑对挫折、迎难而上的勇气。

萌萌上小学六年级，一直以来，她都是一个品学兼优的孩子，每个人都很喜欢她。有一天，萌萌回家后一直闷闷不乐，妈妈知道一定是发生什么事情了，所以在吃饭的时候，试探性地问女儿："萌萌，发生了什么事情？你好像胃口不大好。"萌萌回答道："妈妈，我今天一直被老师批评，我吃不下。"刚说完这句话，萌萌的眼泪就止不住地流了下来。

看到女儿这么伤心，妈妈将女儿揽入怀里，等萌萌的情绪缓和之后，妈妈开始问女儿到底发生了什么事情。原来今天轮到萌萌她们组做值日，但是由于下了雨，路很不好走，所以萌萌和组员到学校的时候就晚了，直到上课，她们还没有打扫完教室，于是就被老师批评了。到了课间收作业时，萌萌发现自己把作业忘在家里了，不能及时上交，老师又批评了她。

妈妈知道了之后，耐心地劝说自己的女儿："你仔细想一想，其实老师的批评是有道理的。首先，不论是什么原因，值日生在上课之前没有完成打扫任务就是错的。其次，你本应该在上学之前检查书包，按时交作业的，但是你却把作业落到家里了，因此受到批评也是应该的。你就是心理素质太差了，平时妈妈都宠着你，没怎么批评过你，老师才批评了你两次，你就受不了啦？妈妈实话告诉你，以后的路上，挫折还有很多呢，老师的批评只是很小的一个，如果你能战胜它，就说明萌萌又长大了呢。"此时，萌萌觉得很惭愧，她默默地点点头。

每个家长都希望自己的孩子经得起挫折，而要想让孩子具备能够勇敢面对挫折的能力，就必须在小事上磨炼他们的心理承受能力，让孩子学会接受现实中不利的一面，学会勇敢地面对自己当前的困境，敢于承认自己所犯的错误，并从中吸取教训。

迪迪今年八岁了，在妈妈的教导下，他一直是个爱劳动的好孩子。一天吃饭的时候，妈妈吩咐迪迪去厨房拿碗筷。迪迪一边拿着碗一边跑，忽然，只听啪的一声，原来是迪迪摔倒了，碗也被摔碎了。看着迪迪倒在地上，妈妈并没有过去扶他，而是大声地说了一句："迪迪，你是男子汉，快站起来！"迪迪显然是摔疼了，不但没有从地上站起来，还哭了起来。于是，妈妈又对迪迪说了一声："迪迪，你是个勇敢的孩子，妈妈相信你一定会站起来的！"得到鼓励后，迪迪终于站了起来。

家长一定要注意，平时要教育孩子正确地对待失败，告诉孩子跌倒了，要学会自己爬起来。这种教育方式不仅能锻炼孩子的坚强意志，还能增强孩子的信心，为他们今后走向社会，在激烈的竞争中取得成功打下基础。千万不要让孩子一直处于温室之中，躲避风霜雨雪，一定要有意识地给孩子以逆境，让孩子坚强地迎接生活中的挑战。

5. 要学会让孩子在磨砺中成长

"吃一堑，长一智。"对于孩子而言，更是如此。只有亲身经历了，他才会相信，才会成长。当不幸和挫折到来时，孩子也会在经历和战胜挫折的过程中懂得很多道理，而通过这种方式懂得的道理远比父母苦口婆心的劝说要深刻。如果父母能够对孩子进行适当的挫折教育，他便有了更多的勇气和信心，那么在未来的某一天，当孩子遭遇突如其来的挫折，就不会轻易被挫折打倒。相反，那些没有接受过或者很少接受挫折教育的孩子，会因为害怕再一次跌倒而不敢爬起来，甚至有些孩子会认为，跌倒了就是天塌地陷了，没有了生存的意义。

几年前，有一个十二岁的孩子去参加电视歌手大奖赛，由于他的父母是家喻户晓的歌星，他从小就在众星捧月中长大，身边都是赞美和鼓励的声音。但是在节目现场，当男孩演唱完之后，自信地等待裁判的评判时，没想到裁判言辞犀利，毫不留情地说："你唱得这么差，也想当歌星，简直是个笑话。"男孩听闻此话整个人都呆住了，他瞪大眼睛，似乎不相信自己听到的话，站在原地一动也不动。据说，后来这种状态持续了很长的时间，家里花了很多钱给他治疗，好几个月之后，他才渐渐恢复正常。

挫折具有两面性，它可能是人生路上的绊脚石，也可能是前进途中的助推器。挫折既给孩子带来压力和打击，又锻炼了孩子的心理承受能力，能激发他们的智慧和勇气。如果父母把孩子前进途中的障碍和挫折都扫除了，把本来属于孩子锻炼心智的机会都剥夺了，那孩子未来遭遇挫折时又该怎么办？

做父母的一定要检讨自己的教养方式，学会放开手，让孩子独自去面对眼前的困难，让孩子在磨砺中成长。

为了帮助孩子能够在磨砺中健康成长，家长应当从以下几个方面教育孩子：

（1）正确引导孩子

正确引导孩子对待挫折的态度，是挫折教育的关键。在挫折教育中，孩子经历了挫折后，如果没有得到及时准确的引导，会产生消极心理和抵触情绪。因此，在孩子经历挫折时，父母应及时地给予鼓励和肯定性的评价，以增强孩子克服困难的勇气，同时也应做好引导工作，帮助孩子分析受挫折的原因，继而鼓励孩子主动对待挫折，在挫折中造就自己坚强的性格。

（2）鼓励孩子充满信心

挫折其实并不可怕，很多时候，孩子之所以在挫折面前变得软弱，是因为对自己没有信心。父母可以用鼓励的话语、乐观的微笑、赞许的目光来增强孩子面对挫折的勇气。父母也要让孩子知道，挫折和失败并不可怕，最可怕的是失去对成功的渴求，同时还应当告诉孩子，只要战胜了挫折，就一定能够有所收获。

（3）家长要学会放手，让孩子独立面对问题

我们都知道很多孩子之所以不能战胜困难，是因为父母总是抢先帮他们

解决问题，舍不得让孩子伤心、难过，舍不得让孩子吃苦、受累。为了让孩子能够更好地在磨砺中成长，家长必须转变观念，应当学会放手，让孩子独立面对自己的问题。

（4）教会孩子超越挫折的方法

"授人以鱼，不如授人以渔"，只有孩子真正学会了超越挫折的方法，会进行自我心理调适，他们才能够更好地独立解决困难。首先，父母要教育孩子学会冷静反省自己，全面分析挫折的成因，积极寻找解决的办法；其次，让孩子学会转移注意力，如打球、唱歌、跳舞或从事其他娱乐活动，以改变心境；最后，对孩子进行心理疏导，增强孩子的心理素质，使他们能够尽快调整自己的情绪，以健康的心态看待问题，寻求解决问题的途径。

6．在挫折中学会反思

从四岁起孩子的想象力就已经很发达了，细心一点的父母会发现孩子经常会自言自语地玩着玩具。这是孩子在玩玩具时设想着故事情节、人物特点呢。这个时期的孩子非常不好教育，让很多家长都不知所措。他们开始有主意，开始学着顶嘴，开始不接受家长的意见了。孩子所有的表现都显示出孩子开始思考问题了。

小伟的妈妈带着孩子在花园里散步。春天来了，大地开始披上绿装，花池里的月季花都已经长出了花骨朵。淘气的小伟伸手想要摸摸月季花。妈妈连忙制止："小心，那是月季花，上面有好多小刺儿，会扎到你的。"

"哪里有小刺儿呀？"小伟好奇地问道。

妈妈指给小伟看。

"真的有小刺儿呀，那我不摸了。"小伟嘟囔道。

妈妈接着问道："小伟，那你知道月季花为什么要长好多小刺儿吗？"

"不知道呀。"孩子回答得很干脆。

妈妈接着引导道："你想一想呀。"孩子还是摇了摇头。

"好，妈妈问你，你刚才为什么不去摸它了？"

"我怕它扎到我。"孩子回答道。

"对呀，月季花为了不让别人摸就长出了很多小刺儿。"妈妈刻意放慢了语速，"那么你想一想，如果一定要摸它，怎么做才能保证不被扎到呢？"

"哎呀，那不是要长出一只铁手嘛。"孩子捂着嘴巴笑了起来。

"也对，长出一只铁手就不会害怕花刺了，除此之外还有别的方法吗？"妈妈对孩子充满期待。

"没有了。"孩子想了一会儿说道。

"我们戴只厚厚的手套，花刺还会扎到我们的手吗？"妈妈反问道。

"不会了，可是手套会被扎破的。"孩子的回答尽管还很幼稚，但是已经具有一定的思考能力了。妈妈对此很欣慰。

现在，为了能够让孩子成才，家长着实非常尽心，非常注意教育的方式。上述事例让我们清楚地感受到了家长的用心，妈妈在一步一步地引导自己的孩子思考问题，她的这种行为非常正确。大自然是一个大课堂，应在有限的时间里多带孩子出去转转，让孩子接触接触大自然。孩子的好奇心很重，当他们看到自己感兴趣的事物之后会去思考、会问为什么。久而久之，孩子的思考能力就会得到不停地锻炼。下面提几个小建议，可以帮助家长培养孩子的思考能力。

（1）让孩子帮助自己

送水工人送来了一大桶水，刚巧爸爸不在家，妈妈决定让孩子想办法把水运到厨房去。孩子听到妈妈说需要自己的帮助，感到很兴奋，他跑过去直接张开小手去抱，当然抱不动。妈妈在一边引导说："你说我们要是把水桶放平滚到厨房可不可以呢？""可以。"说完，孩子慢慢将水桶放平，推着滚到了厨房。

这则小故事告诉我们，家长一定要有智慧地引导孩子。只要家长肯用心，就一定能够成功引导好孩子。生活中的很多小事情，家长都可以同孩子商量，让孩子成为事情的参与者，调动起孩子的积极性，从而引导孩子动脑筋分析。

（2）多问一些孩子感兴趣的问题

很多孩子都喜欢玩具，家长可以问一些关于玩具的问题来锻炼孩子的思考能力，如"这个玩具是怎么变形的呢""玩具为什么会发出声音来呢""你喜欢这个玩具的原因是什么"等等，什么问题都可以问孩子，这个时期的孩子已经能够清楚地表达自己的思想并能够很好地与人进行沟通了。这些小问题能够锻炼孩子的思考能力，同时也会让孩子获得成就感。

（3）多给孩子讲故事

孩子不识字，妈妈可以给孩子讲故事。在讲故事的过程中，孩子的大脑会飞速运转，思索着妈妈的每一句话。不要担心孩子听不懂，他的小脑袋瓜要比我们想象的更加发达。事实上，很多教育工作都可以与讲故事相结合，借着讲故事指出孩子身上的小毛病，从而引导孩子改正缺点，这样，孩子也不会有不愉快的情绪产生。

在日常生活中，很多小事情都可以用来锻炼孩子，引导孩子朝着正确的方面发展。经过这些小事的锻炼，孩子渐渐地会养成良好的习惯，这是家长的最终目的。

7. 引导孩子自我激励，乐观面对挫折

学校组织了一场夏令营活动，主题是"让孩子体验逆境"。

夏令营的活动持续两周，活动期间，校方为孩子准备好足够的米、水、用具。唯一的要求就是：生活中的一切都需要孩子自己想办法解决。活动刚开始，大部分孩子的状态都很不错，他们尝试着自己动手煮饭、亲自动手去菜园里摘菜、晚上独立入睡、脏衣服自己洗。然而，没过多长时间，有的孩子开始闹情绪了。

毛毛摘菜的时候把手划破了，看着手上渗出来的血迹，毛毛哭着吵着非要找妈妈；丽丽觉得她们自己做的菜太难吃了，一口也吃不下去，把从家里带来的零食吃完后也吵着要回家；阳阳说晚上睡觉没有空调太热了，睡不着也不想坚持了……

孩子想放弃的理由千奇百怪。最后，校方决定让每一个孩子都和自己的父母通一次电话。电话中，父母要鼓励孩子，这是事先和父母约定好的。

孩子打完电话后，情绪平复很多，又有了坚持下去的决心。毛毛不吵着说手破了，丽丽也肯吃难吃的菜了，阳阳也不抱怨天气热了……一旁的父母看着孩子的变化，不禁感叹鼓励对孩子的作用。这时，校方负责人王老师说道："对于孩子而言，这次的夏令营活动就是为了让他们体验逆境，并学会坚强。对于父母而言，我们主要是让你们看到鼓励对于处于逆境中的孩子的作用。因为父母的鼓励不能时时刻刻伴随着孩子，最好的方法就是让孩子学会自我激励，乐观面对挫折。"

生活中，不少孩子在挫折面前习惯了自我放弃，因为他们常常以一种消极的心态，低落的心情来面对挫折。要知道，一件事情能否成功，与人们自身的心态有着直接的关系。父母鼓励孩子，也是在调整孩子的心态。可是，父母的鼓励不能随时随地出现在孩子需要的时候，那么想要孩子维持良好的心态，方法只有一个——自我激励，保持乐观的心态。

面对挫折，一个能在无人安慰和帮助的情况下，仍然保持乐观心态的孩子，是任何父母都乐于看到的。人生的路并不平坦，在这不平坦的路途中，父母的陪伴不可能是永远的。因此，引导孩子自我激励，乐观面对挫折是亲子沟通中的重要环节。在这个过程中，父母同样需要注意一些沟通技巧。

（1）被动式鼓励

孩子从幼儿园放学回到家里说："今天老师让背诵古诗，其他同学都背了出来，我却没有背出来。"

家长一："那你以后一定要更加努力，我们相信你一定可以背下来的。"

家长二："那你是怎么想的？"

"我告诉自己，这一次没有背下来没有关系，下一次我认真听老师讲，努力背就行了。"孩子说道。

面对这两个家长的鼓励方式，建议家长选择第二个人的鼓励方式，我们称之为"被动式鼓励方式"。

（2）构建自我激励空间

很多家长非常善于鼓励孩子，经常在孩子遇到挫折时，立即给孩子提供全方位的高质量的鼓励。久而久之，孩子对父母的鼓励形成了强烈的依赖，一旦遇到挫折，而父母的鼓励又没有及时跟进，就会显得惊慌失措。面对这样的孩子，家长最好采取"不加油、不鼓励"的沟通方式，以培养孩子自我激励的内在体制。很多时候，家长不鼓励、不加油，孩子自己就会鼓励自己。因此，家长一定要给孩子构建自我激励体制的空间。

第十一章

告别依赖：培养孩子独立的性格

1. 面对依赖性格的孩子，家长怎么办

如今，"啃老族"越来越多，为什么有这么多孩子成年了，不去参加工作，不去赚钱养活自己，而是像"巨婴"一样待在家中，等待年迈的父母辛苦养活呢？"啃老族"的大范围出现，实际上与教育有非常大的关系。尽管"啃老族"在年龄上已经成年了，但是其心理却依然停留在孩童时代，他们根本就没有学会独立，而是习惯一直依赖自己的父母，并将这种依赖行为延伸到了成年。

孩子自己不肯吃饭，于是一口一口地追着喂；晚上闹脾气不肯上床睡觉，于是父母陪着、哄着睡；不管是书包、文具还是作业本，孩子一根手指头都不想动，于是父母天天帮孩子收拾好……父母总是用"孩子还小""哪里舍得让孩子干活"等理由，在不知不觉中剥夺了孩子在成长中变得"独立"的机会。孩子小时候黏着、依赖着父母，父母觉得孩子和自己亲，内心欢喜，可是孩子在未来是要独自走出家门的。小时候没有学会独立，长大后也会继续依赖父母，"啃老族"就是活生生的例子。

父母真的希望自己的孩子按照这样的轨迹发展吗？给孩子穿衣、喂饭、收拾书包很容易，不过是举手之劳，可是孩子未来步入职场，要建立自己的社交关系，父母还能代劳吗？就算愿意代劳，能代替得了吗？

晓月妈是一个十分心疼孩子的妈妈，"我什么都替女儿做好了，就希望她能出人头地"。晓月一直在妈妈的悉心照料下生活，只要好好学习就行，洗衣、做饭、购物等琐事都由妈妈打理，不用费什么心。

尽管孩子在生活技能上比较欠缺，很依赖妈妈，不过令晓月妈欣慰的是，女儿晓月是个很争气的姑娘，从重点小学到重点初中，再到重点高中，一路考到了远离家乡的名牌大学，也算一番苦心没有白费。

眼看着女儿长大了，也有出息了，晓月妈十分高兴。在女儿进入大学的第一年，中秋节前夕，晓月妈收到了一个女儿寄来的大包裹。看到包裹，晓

月妈十分开心，心想：闺女真是长大了，都知道过节给父母送礼物了。怀着"吾家有女初长成"的喜悦，晓月妈拆开了包裹。

包裹内的东西却让这位母亲哭笑不得，包裹内不是什么礼物、礼品，而是女儿寄回来的一大包脏衣服，还附着一张纸条：妈妈，帮我洗干净，再寄给我。

一个已经进入大学的女孩子，竟然不会洗衣服，相隔两地，竟然把脏衣服寄回家让妈妈洗，这样的事实确实很令人震惊。在培养孩子成才的过程中，身为父母一定要让孩子逐渐独立起来。

千万不要帮孩子包办一切，否则，等我们意识到孩子年龄大了还很依赖父母时，孩子已经独立不起来了。如果你不想让自己的孩子成为"啃老族"，成为一个连自己生活都无法打理的人，那么从现在开始，帮助孩子克服其依赖症吧。

（1）大胆放手

从孩子开始会走路时，父母就要学会"放手"，只有放手，才能让孩子在跌跌撞撞中学会走路，孩子自己力所能及的事情，也不要一手包办，试着让孩子自己学会吃饭、穿衣、收拾玩具、写作业、洗衣服、做饭……父母把手放开了，孩子才有自我学习、自我成长的机会，才能成为一个独立自主的人。

（2）莫揽责任

有些父母总喜欢帮孩子包揽责任，以致孩子做事从不考虑后果，反正不管怎么样，都有父母给自己善后，于是他们肆意妄为，嚣张无比，"我爸是李刚"就是这种教育方式的典型后果。父母千万不要帮孩子包揽各种责任，孩子做错事情了就应该自己去承担后果，如果帮助其逃脱惩罚或者代其受罚，只会让孩子变本加厉，在错误的道路上越走越远。

人最终都要独立地走向社会，就必须拥有自主独立的能力。父母要想让孩子成为一个独立的社会人，就必须要从小培养孩子的自主、自立、自强精神，并引导他们在实践中不断获得成长。

2. 告别依赖症: 鼓励孩子"独处"

现在很多孩子都有一个明显特征, 那就是特别依赖家长。学会独立生活是每个孩子所必需的技能, 也是孩子走向成熟的重要标志。所以, 家长一定要在平时就鼓励孩子独处, 告别依赖症。

孩子总会长大, 将来的生活需要他们独自去面对, 如果不能让孩子摆脱依赖心理, 不教会孩子独立思考的能力, 孩子将如何生存? 所以, 平日里家长应该千方百计地培养孩子的独立性, 具体要注意以下几点:

(1) 一些事情可以让孩子自己做主

对于一些非原则性的事情, 家长一定要多征求孩子的意见, 让孩子自己做主, 这样有利于培养孩子独立思考的习惯。如给孩子买水杯, 让孩子自己挑选; 早上让孩子自己决定穿哪件衣服、哪双鞋子; 遇到了问题, 让孩子自己想方法解决; 等等。这些小事情都可以锻炼孩子的独立性。

(2) 培养孩子独立思考的能力

随着一天天地成长, 孩子的好奇心越来越重, 总是会不停地问"为什么"。对于孩子的问题家长不要直接回答, 应引导孩子自己思考答案。如很多小朋友都会问:"妈妈, 我是从哪里来的?"这时家长如果一本正经地给孩子讲生命的起源, 恐怕神童也未必听得懂, 而有一位家长是这样处理的——"你猜。"家长说道。"我猜我一定像小猫咪一样, 从妈妈的肚子里钻出来的。"孩子天真地回答道。其实, 很多时候, 我们都低估了孩子思考问题的能力。他们不仅仅有超高的观察力, 还有着丰富的想象力。

(3) 鼓励孩子探索

孩子对事物有着很强的好奇心, 这是好事情, 说明孩子愿意思考。家长一定要鼓励孩子探索, 不要抹杀孩子的好奇心。如孩子会好奇玩具的里面是什么样子的, 他们可能会动手去拆开玩具。这时候, 在保障孩子安全的情况下, 不要阻止他们, 让他们自己去探索答案吧。

（4）鼓励孩子有自己的想法

随着孩子的成长，孩子对很多事物都会有自己的想法。不管孩子的见解是对还是错，家长都需要鼓励孩子。因为我们也不能认定孩子的想法一定是对的或错的，而且世界上原本就没有完全的对与错。因此，不要在还没有确定对错的时候就盲目地扼杀孩子的想象力。让孩子充分发挥自己的想象力，尽情地去想象吧。要知道，没有想象力就一定不会有好的创造。

在人的一生中，各种问题总是层出不穷，应该让孩子学会独立思考，具备解决问题的能力。对于孩子来说，帮他们培养起一个好的习惯，让他们在任何时候都能够依靠自己的力量独立解决问题，这才是留给孩子的真正财富。

3．不要大包大揽，请相信孩子能做好

前段时间电视里报道了一个五岁孩子照顾生病的家长的故事，着实让人感动，同时也让人惊讶：一个年仅五岁的孩子竟然能够照顾病人。与这个孩子相比，自己的孩子竟然差出了这么多。是什么原因导致孩子之间出现如此巨大的差距呢？

一个妈妈生病住进了医院。可能是由于生病的原因，人也跟着脆弱起来，好几天见不到女儿，想孩子想得心慌。家里人看出了她的心思，在她身体稍稍有些好转的时候便把孩子带到了她身边。这一天，看着女儿像一只小蝴蝶般飞到自己的病床前，这位妈妈似乎忘记了疼痛，与女儿"腻"在了一处。

没过多久，八岁的女儿提出想要玩一下妈妈的手机。平日里这位妈妈是不赞成孩子玩手机的，但现在由于好长时间没有见到孩子了，她有些不忍拒绝孩子，便将自己的手机给了孩子。而从拿到手机的那一刻起，孩子的注意力便全部集中到了手机里的游戏中。甚至其间护士来换了两次药，竟都没有引起她的注意。看着女儿对自己不太关心的样子，这个妈妈有些难过了。试想，如果现在生病的是女儿，那么她一定会放下一切事情，一步不离地守护在孩子身边。这就是母亲与孩子的区别吧。

"姥姥，我口渴了，给我拿点水喝。""姥姥，把桌上的苹果给我拿过来。""姥姥，出去帮我买点好吃的。"看着眼前全神贯注地玩着手机的女儿，这位妈妈发现孩子竟在不知不觉中添了指挥别人的毛病。女儿是家里的宝贝，从小过着衣来伸手饭来张口的生活，竟然在不知不觉中养成了什么事情也不做的坏习惯。

为了纠正孩子的这个坏习惯，这个妈妈决定趁此机会放手让孩子自己做事情。她对女儿说："你已经八岁了，现在妈妈又生病了，每天都很难受，你的姥姥还需要照顾妈妈，所以家里的事情只能由你去做了。"女儿点了点头。就这样，这个妈妈在医院住了一个多月，回到家之后她惊奇地发现自己的宝贝女儿不仅学会了洗衣服、叠被子、梳头，还学会了做饭。据孩子爸爸描述，有一次他下班回到家里时，女儿竟然做好了饭。看着满脸汗水的女儿，孩子爸爸高兴极了。

孩子的可塑性其实非常强。如果家长一直大包大揽，那么孩子成长的空间就会很小，而如果家长能够放开手脚多给孩子一些锻炼的机会，孩子的能量就会被释放出来。相信我们的孩子，他们从来都不是需要别人过多照顾的弱势群体。

要成为合格的家长，我们必须做到以下几点：

（1）家长必须做到让孩子自己照顾自己

在日常生活中，孩子自己的事情必须要自己完成，如穿衣、洗衣、叠被、穿鞋、梳头、洗碗等等，这些是基础，是孩子必须要完成的，家长不可以代劳。

（2）家长必须要求孩子多关心别人，多照顾别人

很多家长总是觉得孩子小，正是需要家人多关心、呵护的时候。于是，一家人便围着孩子转，渐渐地养成了孩子自私、不懂得关心他人的性格。而真正聪明的家长必须要杜绝这种育儿方式，孩子的年龄是小，但是他们也需要学着付出，也需要学着关心他人。这些都需要家长的引导与提醒。

（3）家长需要尊重孩子

孩子的年纪小，并不意味着他们的能力就弱。相信很多家长都有这种体

会，在某些方面，孩子竟然比自己做得都好得多。孩子的能力是巨大的。家长要相信孩子，给予孩子应有的尊重，相信他们能够做好。

总而言之，家长不要太低估孩子的能力。要相信我们的孩子，放开双手，让孩子尽情地释放潜能。教育孩子，不一定是管得越多，回报就越多。更多的时候家长要相信孩子，给孩子独立处理事情的空间，这样他们也许会飞得更高。

4．"不帮忙"，适当"袖手旁观"

每一个孩子的成长道路都不是一帆风顺的，真正优秀的孩子，总是能够突破逆境，在寒微中崛起。在这个过程中，除了孩子自己的努力外，更有父母的付出。这里的付出，并不是指父母伸手帮助孩子做一些事情，而是父母克制自己的情感，不帮助孩子，"袖手旁观"。

林肯很小的时候，母亲总会将他带到一处有十几级台阶的地方。然后看着小小的林肯挥舞着两只胖乎乎的小手，吃力地攀着台阶。对于一个身高只有两个台阶高的孩子而言，攀爬十几级台阶，难度可想而知。没过多久，小林肯就满头大汗，小脸涨得通红通红的，可怜巴巴地向母亲投来求助的眼神。可是母亲只是笑笑，丝毫没有要帮助他的意思。小林肯见母亲不肯帮忙，只好回过头，继续吃力地向上爬去。

很多年后，林肯依然能够清楚地记得那高高的台阶和母亲坚定的眼神，似乎告诉自己："慢慢爬吧，不管多久，母亲都会在这儿等你的，但是母亲绝对不会帮助你。"

现在，别说十几级台阶，即便是一级台阶，孩子自己想要尝试着走上去，许多家长都会立即制止，然后高度紧张地抱起孩子。殊不知，家长的这个细微的举动对孩子的伤害非常大。事实上，如果家长能够放开双手，鼓励孩子勇敢地走上台阶，对孩子今后的影响将是无限的。

逆境是最严厉、最完美的老师，它会用最严格的方式培养出最优秀的孩子。对于孩子而言，只有经历过逆境的磨炼，才能脱胎换骨，获得一副钢筋铁甲的身躯。对于父母而言，想要让自己的孩子拥有如松柏一样傲对风霜的毅力，让自己的孩子拥有无怨无悔的人生，让自己的孩子从此获得幸福和满足，只有放开双手，让孩子独自在逆境中摸爬滚打。

事实证明，生活中，有太多太多的父母见不得孩子的眼泪，他们希望自己可以做孩子头上的一把伞，为孩子遮风挡雨。然而，这只是他们的一厢情愿，他们永远也成不了孩子头上的那把伞。因此，父母要学会"袖手旁观"，帮助孩子锻炼出不怕风雨的强筋壮骨。

在这个环节中，父母要注意以下三点：

（1）父母要摆正心态，有时"袖手旁观"是为了更好地锻炼孩子

想要成为成功者，就必须学习如何在逆境中前进。想要在逆境中前行，孩子必须具备三个要素：自信、不退缩、不抱怨。想要培养孩子这三种应对逆境的素质，父母必须给孩子一个独立面对逆境的机会，让孩子在实战中总结经验和教训，不断完善自己。因此，父母需要克制心中的不忍，时刻暗示自己："袖手旁观"是为了让孩子得到更好的锻炼。

（2）明确告知孩子，他们能依靠的只有自己

生活中，父母可以采用林肯的母亲那种教养方式，可以带孩子去攀岩，通过攀岩这项活动，让孩子明白，父母会一直在原地等他们，但是不会为他们提供任何帮助，想要完成任务抵达峰顶，只能靠他们自己。

（3）鼓励孩子：给孩子最好的帮助就是信任

面对处于逆境中的孩子，父母首先要做的就是信任孩子，发自内心地信任自己的孩子。父母的信任对孩子而言，是最好的鼓励，最坚实的后盾，也是最大的信心来源。尤其是当孩子对自己信心动摇时，回头看看父母，此时父母眼神中的信任会带给他们最需要的力量。

5. 父母怎样应对孩子的极度依赖

孩子对父母的依赖心理是与生俱来的。从牙牙学语开始，孩子与父母之间就已经建立起了深厚的依赖关系：当孩子感到恐惧时，会立刻飞奔到父

母的怀里——他们觉得安全了；当孩子受到伤害时，会立刻飞奔到父母的怀里——他们得到了安慰；当孩子感觉累了，会立刻飞奔到父母的怀里——他们得到了最好的照顾……其实，在幼儿时期，这种所谓的依赖是合情合理的，因为孩子小，需要家长的呵护才能健康地成长。可是随着孩子的长大，他们的世界也开始渐渐变大，这种依赖关系就需要逐渐减少，他们应该独立了——独自去面对人生。

靓靓的妈妈由于身体的原因，年龄很大才生下靓靓。中年得子的靓靓妈和靓靓爸对孩子真可谓是"含在嘴里怕化了，捧在手里怕摔了"。

靓靓五岁多的时候，就已经比同龄人高出了整整一头，壮实极了。可即便是这样，靓靓的父母还担心孩子受欺负、受伤害。例如，孩子去公共场所玩滑梯时，靓靓的父母总是一副如临大敌的架势，一人一边扶着孩子一步一步地走上去，坐下来；然后，爸爸赶忙跑到滑梯的底端，张开双手，准备接应孩子。结果，一个简简单单的滑梯游戏，孩子没有玩出一点点的汗，爸爸妈妈却已经汗流浃背了。

就这样，在父母的严密呵护下，靓靓到了上小学的年龄。第一天送孩子上学，简直是一场催人泪下的骨肉分离剧。靓靓双手紧紧拽着爸妈的手，哭得鼻涕一把、眼泪一把的。这边靓靓的父母也是满脸泪水，迟迟不忍离去。最后，老师实在是没有办法了，只能以"马上要上课了，不要影响学校的正常秩序"的名义请他们迅速离开学校。

靓靓的父母离开了，可是靓靓却安静不下来。他哭着闹着要找爸爸妈妈，说什么也不在教室里待着。老师使出了浑身解数，又是糖果，又是开导，怎么说都不行。勉勉强强坚持到了下课，靓靓一个箭步就跑到学校大门口，看门大爷不让他出去，他就坐在那里等爸爸妈妈。九月的天气虽然已不似夏日那么炎热，但火热的太阳还是晒得人们大汗淋漓。靓靓一动不动地坐在地上等着妈妈，老师没有办法，只好把靓靓的妈妈叫回来了。

事例中的靓靓对家长的依赖性太强了，面对这种情况，家长必须要采取果断措施了，不然会直接影响到孩子的正常生活。过强的依赖心理会让孩子失去独立生活的能力，形成自卑、懦弱的性格。因此，家长必须注意，应及时纠正孩子的依赖性行为。面对依赖性极强的孩子，家长不妨试试以下方法：

(1) 了解清楚孩子依赖的对象，尽可能地减少孩子与依赖对象之间的接触。

(2) 扩大孩子接触、交往的范围，让孩子有机会结交更多的朋友。

(3) 多给孩子制造一些独处的机会。例如，让孩子独自去购物，独自学习，独自睡觉，独自出去散步，独自上学，等等。循序渐进，一点一点地让孩子适应独处。

(4) 培养孩子的自信心。依赖性强的孩子，自信心不足，总是认为自己不行，需要自己信赖的人在身边才会安心。对此，家长不要过多地指责孩子，应该鼓励孩子，查找影响孩子自信心的根源，彻底修正，帮助孩子建立起强大的自信心来。

摆脱依赖心理不是一件容易的事情，对于孩子而言，就如春蚕破蛹，需要经过一番周折。这个时期，家长一定要坚持立场，多一些耐心，从小事做起。

"流自己的汗，吃自己的饭，自己的事情自己干，靠天靠人靠祖上，不算是好汉。"父母带孩子来到世界上，给予他们生命，同时也要教会他们独立生存的能力。只有摆脱了对父母的依赖，孩子的独立能力才能得到提升，才能释放自身的潜能，塑造完美的人生。

6. 独立训练：根治孩子的"依赖症"

在实际生活中，很多孩子因为父母的过度保护，会表现得非常没有主见：吃什么、穿什么都要询问父母的意见，自己没有任何想法；玩什么、怎么玩，也需要父母来做主；甚至有的孩子已经上了学，但是学校组织一个很小的活动，还需要回来问问父母能不能参加……

孩子这种没有主见的表现，很有可能会影响到他们今后的人生。在心理学上有一个很著名的"改宗效应"，这是由美国社会心理学家哈罗德·西格尔提出的，是指当一个问题对某人来说很重要时，如果他在这个问题上能使一个"反对者"改变意见而支持自己，那么他会更喜欢那个"反对者"，而不是一个从始至终的"同意者"。

"改宗效应"明确地告诉家长，如果孩子在生活中没有主见，只会跟着别人的想法做事，那会给人一种没有能力的感觉，很有可能会因此而被人忽视；相反，如果一个人有主见，就会给人更多的感染力，会得到更多人的喜爱。

所以，父母在教育孩子的时候，一定要培养孩子做事情的主见，不要让孩子只会顺从、附和、讨好，而是要让孩子成为一个有自主观念的人，这样才会让孩子更能得到别人的喜欢，使人乐于亲近。

孩子本来是一个独立的个体，但是在成长过程中却很容易变成父母的"应声虫"。这里面既有孩子自身心理上的因素，也有父母影响的因素。从孩子方面来说，孩子喜欢模仿，小的时候对于父母有很强的依赖性，做事不喜欢自己动脑思考，而是把父母当成权威，父母说什么就是什么，长此以往，孩子就会缺乏主见，喜欢盲从。从父母的因素来讲，父母很容易将自己当成孩子的权威，习惯于替孩子包办一切，长此以往，就会让孩子对父母的决定唯命是从。

在孩子的成长过程中，父母一定要警惕其盲从行为。一旦发现孩子没有主见，就一定要改变自己的沟通方式和教育态度，有意识地培养孩子主宰自我的能力。

父母在生活中要多创造一些让孩子自己做主的机会，生活中的一些小事完全可以交给孩子自己去拿主意。比如，让孩子自己决定穿什么衣服、玩什么游戏、过生日时请哪些小朋友。孩子大了以后，家里的一些事情也可以让孩子参与进来，比如客厅怎样整理会显得更整洁、孩子自己的房间怎样布置。如果孩子所说的可行，父母就应该尽量采纳孩子的建议。

很多孩子在遇到事情的时候，第一时间就是去询问父母的意见。遇到这种情况，父母千万不要给出自己的想法，而是要区分事情的大小，告诉孩子如何去解决。如果是无关紧要的小事，就直接告诉孩子让他们自己决定；如果是孩子自己无法判断、决定的事情，父母可以先启发孩子自己思考，引导孩子去做决定，当孩子说出自己的想法后，父母再提出一些建议。

父母应该让孩子明白，很多事情答案不是唯一的，只要孩子经过思考，确信自己的做法或观点是正确的，那就应该勇敢地按自己的想法去做事，而不要随意被周围的人所影响。

有些孩子自我意识觉醒早，很早就有了主见。当孩子表现出主见时，父母一定要尊重孩子的想法，千万不要专制地强迫孩子按照自己的想法来做事。否则，孩子的独立思考能力就可能被父母的专制所磨灭。对于父母来说，最重要的就是给孩子一定的自由权限，让孩子自己去做出选择。

孩子不是父母的附属品，而是独立的个体，在不久的将来，他们终究要独自面对人生。因此，父母对孩子最好的爱，不是事事都帮他们做、帮他们思考，而是教给他们如何去思考与解决问题，让他们自己有行动的能力。而获得这种能力的前提，就是一定要让孩子有自己的想法、敢于将自己的想法付诸实践。

什么是"主见"？就是要在自己的世界里做"主角"。很多父母以爱孩子为名，帮孩子决定了太多事情，让孩子成为父母的傀儡，这样的孩子又怎么会有主见呢？所以，聪明的父母应懂得适当退出。

在孩子的生活中，父母要甘心做"配角"。这样，孩子才有机会做自我生命的主宰者。

第十二章

强化环境适应：培养孩子的安全感与纪律感

1．安全感：探索外界的保险绳

"你怎么这么不听话，你再这么哭闹下去，爸爸妈妈不要你了。"

"天都黑了，要赶紧回家，明天再和小伙伴们玩，不然吃人的大灰狼会把你叼走。"

"你看××家的小朋友多懂事，你再这么赖皮，我们就要把你送给别人养了。"

…………

你和孩子说过类似的话吗？当孩子哭闹不止时，当孩子玩疯了死活不回家时，当孩子撒泼耍赖不讲理时，很多父母都会用上述招数，而且立竿见影，效果非常显著，但很少有人意识到，这种很管用的"恐吓式"教育其实是以伤害孩子的"安全感"为代价的。

从心理学角度来说，安全感对孩子未来发展的影响是十分巨大的，它是生命的底色，是探索外界的保险绳，是建立自我价值、自信、自尊的重要心理基石。一个缺乏安全感的孩子对外界是缺乏信任的，他不敢离开父母一步，会变得特别依赖父母，一直生活在恐惧中，为了对抗这种内心的恐惧，不得不花费更多的时间、精力和能量去寻求安全感，从而无力去探索世界、创造事业和享受生命。

"爸爸妈妈经常说不要我了，我好害怕，可是又不敢哭，也不知道怎么办，每次爸爸妈妈一不高兴，我就特别紧张、害怕，不知道自己做错了什么，他们会不会把我丢掉。"

"我爸爸总是莫名其妙地对我发脾气，刚才还高高兴兴呢，突然就阴云密布，把我劈头盖脸训一顿，肯定是我惹他不高兴了，好想永远躲在爸爸看不到的地方啊，这样他就不会总对我发脾气了。"

…………

在孩子不敢哭、不敢闹的背后，实际上是充满恐惧、不安、自责的内心，这才是孩子最真实的心声。父母千万不能为了让孩子"听话"，就肆意破坏他们的安全感，这会给孩子的心理健康和未来发展埋下非常严重的隐患。

小水最近上幼儿园了，一直负责接送她的妈妈可谓苦不堪言。由于初入园，孩子之前从没离开过家和父母，所以一直不太适应，每次都是死拽着妈妈不松手，不许妈妈走，妈妈一离开立即大哭不止。

可是小水妈送完小水还要上班，每天早晨到幼儿园如何"脱身"成了一个大问题。作为新时代"辣妈"，小水妈在教育理念上很先进，为了更好地解决这个问题，她专门请教了师范大学学前教育系的一位教授，对方给她支了一招。即一定要给孩子设定界限，不可无底线地妥协退让。当孩子拉着妈妈不希望妈妈离开时，不要强硬地呵斥孩子，也不要采用欺骗的方式偷偷地离开，更不要用"你再哭，妈妈就不要你了"等话语作为威胁，否则会给孩子幼小的心灵造成看不见的创伤。可以温和地告诉孩子："妈妈要去上班了，你是现在进入幼儿园，还是再玩五分钟？"如果孩子希望妈妈晚一些走，不要一味地妥协，而是要温柔地告诉孩子："妈妈知道你不想让我走（共情），但不行，我必须要走（界限），既然你不想让妈妈离开，那妈妈再陪你十分钟（尊重）。"

孩子能在妈妈给的选项中做选择，这样心理上更容易接受"妈妈要离开"的事实。只要父母清晰地划定界限，温柔而又坚定地执行规则，孩子就会知道必须这样做，也就不会再纠缠了。更重要的是，这种方式不会对孩子的安全感和自尊造成负面影响。

越是幼小的孩子，安全感越容易受到伤害，在孩子看来，父母对自己的态度可是关系生死存亡的大事，如果我们不想让孩子成为一个安全感缺失、遇事畏畏缩缩的人，那就一定要满足孩子的安全感，永远不要让孩子有被抛弃的感觉，永远不要用抛弃、送人、不理会来胁迫孩子。不论发生什么事情，哪怕是由于工作或其他原因必须离开，也要告诉孩子，父母永远爱他，永远站在他身后，愿意充当他坚实的后盾。

此外，父母还要注意控制自己的情绪，不要把工作或者生活上的消极情绪发泄到孩子身上，由于儿童的认知能力有限，他们的思维方式以自我为中心，一旦看到父母生气，就会认为是自己哪里不好，这也会影响孩子安全感的建立。所以，在孩子面前，请处理好自己的情绪，不要把孩子当出气筒，并努力营造夫妻和睦、快乐温馨的家庭氛围。

2．如何帮孩子建立足够的安全感

在生活中，我们常常会遇到这样一类性格的孩子：胆小，遇事退缩，敌视他人，消极悲观，神经太过紧张，敏感……很显然，这并不是一种积极健康的性格，潜意识中他们认为自己被抛弃、被拒绝，认为自己受到冷落和歧视，因此内心孤独而焦虑，这也正是他们消极性格形成的重要原因。

早在 20 世纪，著名心理学家马斯洛就提出了"需求层级理论"，即人的需求分别是：生理需求、安全需求、归属与爱的需求、尊重需求和自我实现需求。安全需求仅次于生理需求，排在第二位，由此也不难看出安全感对一个人的重要性。尤其是对于儿童来说，安全感直接影响着孩子性格的形成以及人生观、世界观的建立。

一个缺乏安全感的孩子，更容易罹患心理疾病，其性格也更容易变得消极、偏激。换句话说，安全感是健康性格和健康心理的重要保障和前提。那么，它究竟是如何形成的呢？

所谓安全感，即陷入恐惧和焦虑中，仍有脱离出来的信心，感到安全和自由。安全感并非与生俱来的，它是在儿童的成长过程中逐渐形成的。孩子安全感的建立很大程度上与父母紧密相关，如果我们在孩子幼小的时候给他们足够的、持久的、可靠的、稳定的爱，那么孩子就能形成对未来的确定感和可控制感，面对陌生人和陌生事物也就会表现得更自信，就会形成自信、勇敢、爱探索、敢冒险的积极性格。

可是，父母怎样才能知道自家孩子是不是缺乏安全感呢？一般来说，缺乏安全感的孩子会有一些外在表现：高频率、反反复复地问爸爸妈妈爱不爱自己；对洋娃娃、枕头、玩具等物品过度迷恋，一旦分开就会哭闹不止、无法入睡等；特别胆小，一出门就紧拉着爸爸妈妈不松手，不敢尝试，不敢参与竞争；不能接受与自己不同的意见，所有人的意见都必须和他们保持一致……

除上述表现外，孩子爱咬指甲也可能是因为安全感缺乏，不过一些微量元素缺乏也会导致咬指甲，家长还要仔细分辨。

青春期是一个人性格形成的最关键时期，在此之前，一定要帮助孩子建立起足够的安全感，只有这样，才能培养出自信、勇敢、爱探索、不怕失败和挫折的好性格孩子。那么，具体来说，父母该如何做呢？怎样才能让孩子建立起充足的安全感呢？

（1）肢体接触法

肢体接触能建立一种非常亲密的、可信任的关系。孩子比较幼小时，我们可以通过举高孩子，双腿带着孩子荡秋千等肢体小游戏来帮助孩子建立安全感；孩子上小学以后，我们则可以通过拍肩膀、拥抱等肢体动作告诉他们，父母永远都站在他们身边。此外，一些亲子活动也是建立安全感的良好契机，比如采摘活动、大扫除、外出购物、旅游探亲等，父母要抓住这些机会，给孩子更多的自主权和适当引导。

（2）放羊式养育

每个孩子都是宝，很多父母面对自己的掌上明珠，含在嘴里都怕化了，其实这样的"精致鸟笼"式教育反倒不利于孩子好性格的养成。我们不能因为怕孩子受伤，就不许他们动这个、碰那个，这只会养成孩子畏畏缩缩的性格。

孩子都是天生的探险家，他们渴望了解周围的一切，作为家长，千万不要扼杀孩子的求知欲，而是要给孩子一个自由的环境，在圈定的安全范围内，允许并鼓励他们大胆去尝试。这种放羊式养育看似粗放，但更有利于孩子在探索的过程中对环境以及周围事物建立安全感。

（3）与人交往法

第一次分床睡、第一次去幼儿园……诸如此类的分离焦虑一旦处理不好，那么好不容易建立起来的安全感就会付诸东流。孩子成长的过程就是一个与父母逐渐分离的过程，在这个过程中，孩子势必会产生惶恐不安、焦虑等情绪。鼓励孩子与人交往，建立自己的朋友圈，这对缓解各个阶段的分离焦虑都有非常好的效果。

让孩子邀请同学、好朋友来家里玩吧，多鼓励孩子参加学校、共青团等组织的郊游、夏令营、参观等集体活动。融入集体，不仅有助于孩子产生归属感、建立安全感，还能使他们更快地度过分离焦虑期。

3．秩序感训练：潜移默化的引导法

所谓秩序感，即人通过观察周围环境来预测运动变化规律的能力。秩序感对孩子的健康成长是非常重要的：一个拥有良好秩序感的人说话、做事有章有法、有条有理，不管是个人装扮还是家庭起居、摆设等都整洁，人们也更乐意与其交往；而缺乏秩序感的人，个人打扮、生活环境、说话做事都是混乱不堪的，严重者会影响一个人的正常社交和事业发展。

秩序感并不是与生俱来的，婴儿刚刚出生时是完全无序的，他们没有吃喝拉撒的规律，也没有白天夜晚的概念，睡觉、吃奶、玩耍、排泄……这一切都是依照本能进行的。随着婴儿慢慢长大，与父母建立关系后开始认识和体验父母的有序生活，并慢慢建立起自己的秩序感。

有些父母可能过于心疼孩子，认为秩序会让孩子受苦，因此孩子小的时候不忍心去给他们树规矩、立榜样，觉得等孩子大一些了，自然而然会形成较好的秩序感。这种想法和认知是非常错误的。

首先，秩序感并不会让孩子感受到被管束的痛苦，对于孩子来说，秩序会带来一种自然的快乐，甚至会因为秩序错乱而不高兴、发脾气。比如，两岁宝宝喵喵一看到妈妈把她小床上的毛毛熊拿走的时候，就会大哭不止，并提出自己的抗议，要求把毛毛熊放回原位。建立了一定秩序感的孩子，会自动自发地去维持这种秩序，比如坚持把自己的小碗和小勺子放在一起，香皂没有放在香皂盒里时会坚持让香皂回归原位。

其次，秩序感的建立是一个循序渐进的过程，而并非随着年龄增长就会自然形成的。一些秩序感差的成人，尽管年龄早已经成熟了，但柜子、房间、办公桌乱七八糟的，这就是儿童时期没能形成良好秩序感的后遗症。如果不想让自己的孩子成为一个生活乱糟糟的人，那就要从小开始培养他们的秩序感。

（1）为孩子提供一个井然有序的环境

一个一直生活在干净、整齐、有秩序的环境中的孩子，会自然而然地受环境的影响，从而形成较好的秩序感，养成什么东西放在什么地方的好习惯。反之，则会缺乏秩序感。千万不要以为孩子还小，不知道什么，孩子的玩具那么多，又爱乱丢乱放，不可能天天有秩序。更不要以为收拾好后又立马会乱，于是收拾不收拾好像没多大差别。

秩序感的形成是潜移默化的，所以最好不要偷懒，父母固定时间起床、睡觉、洗漱，干净整洁的家庭环境，这都有利于孩子形成良好的秩序感，父母一定要持之以恒，三天打鱼两天晒网是难以达到好的教育效果的。

（2）破坏孩子秩序感的禁忌

三岁以下是儿童的秩序感敏感期，在这一时期，孩子对于秩序会非常敏感，因此不要过于频繁地更换生活环境或照看人，否则孩子刚适应了这样一种秩序，结果换一个环境或者照看人后，已建立起来的秩序感又会被打乱，需要建立起新的秩序感。过于频繁的变动会让孩子的秩序感变得混乱不堪，也会影响其安全感的建立。

另外，一些生活上的小细节也会导致秩序感的破坏，如孩子对一些物品有特定的摆放要求，不许改变，在做某件事情时有一定的程序，拒绝次序上的任何变化，对于这些需求，父母一定要给予满足，保护孩子的秩序感。

（3）秩序感的日常训练

著名教育专家蒙台梭利认为：如果父母没给孩子提供一个有序的环境，孩子就会缺乏建立起各种关系的直觉，孩子的智能也就无从建构。实际上，孩子秩序感的建立并不复杂，父母坚持有序地摆放家庭中的日常用品，尤其是孩子的用品，每次使用后都及时归位就可以了，另外可以通过让孩子自己收拾玩具、个人用品，在公共场合引导孩子做事要排队、遵守公共规则等来提升秩序感。

4. 强化纪律感：你的孩子愿意服从吗

孩子纪律感的养成与父母的教育是分不开的。现实生活中，很多父母都给孩子提出了要遵守纪律的要求，但是却没有明确哪些事是可以做的，哪些行为是被禁止的，哪些活动是受到限制的，都受到哪些限制。这就给孩子纪律感的形成人为制造了困难，毕竟孩子自身认知能力有限，无法独自准确判断父母所要求的纪律都包括哪些，都有哪些细节。

对于年龄比较小的孩子，父母在教育过程中，不要总是"遵守纪律"这样泛化教育，因为孩子实际上很难理解，也很难懂得自己需要怎么做，在制定规则时一定要具体，比如课堂上有问题时，要先举手，然后再发言；睡觉前要洗脚；等等，父母只有明确了这些具体的要求，孩子才能知道怎么做。

尽管不少家长十分重视纪律感的培养，但却常常一叶障目，选择了错误的方向。培养孩子的纪律感，并不是一味地让孩子听话，可是有些父母却将两者等同起来，认为孩子听话才是好孩子，不听话就是淘气包。为了让孩子变得听话，在培养纪律感时往往采取威胁的办法，"在幼儿园不听老师话，会被老师惩罚""超市结账时插队，要被抓进警察局关起来"……不恰当的方法是无法让孩子建立起纪律感的，一旦孩子知道了违背纪律的真实结果并没那么吓人，就很可能会丧失对纪律的敬畏，甚至以破坏纪律为乐，嘲笑那些循规蹈矩的人。

这天，豆豆妈带着十二岁的儿子豆豆，去好朋友家做客，豆豆妈和朋友年龄相仿，朋友家的儿子年龄比豆豆大两岁，豆豆妈想正好两个孩子可以一起玩。

一进门，朋友非常热情地招待豆豆妈和豆豆，这时豆豆妈发现儿子居然对朋友的招待无动于衷，不打招呼而且什么都没说，顿时觉得有几分尴尬，于是赶紧提醒儿子："豆豆，这是阿姨，你之前见过的，向阿姨问好呀！"在妈妈的注视下，豆豆一脸不情愿地低声说了句："阿姨好。"声音小到根本听不清说了什么，豆豆妈的火气一下就上来了，但奈何这个场合不适合发火。朋友圆场道："豆豆第一次来阿姨家是不是有些害羞啊，孩子小难免会这样啊，赶紧进来，可以和我家儿子去玩，你们年龄差不多，肯定能玩到一起。"

从好朋友家告别后，豆豆妈一路上都在训斥豆豆："你说说，你都十二岁了，多大人了，一点礼貌都没有，见人都不知道主动打招呼……"

豆豆什么话都没说，低着头沉默了一路。

豆豆究竟为什么会这样呢？其实和豆豆的纪律感有很大关系。通常来说，父母都会将"见到长辈要打招呼"作为必备的"教育课程"，不过豆豆妈在"打招呼"这件事的"规则"上并不明确，小时候豆豆第一次见陌生长辈，也不打招呼，豆豆妈觉得孩子认生、害羞，不打招呼是可以被允许的，第二次再见就好了，结果第二次、第三次孩子还是不打招呼。这时，家长才发现自己之前定的规矩，孩子根本就没遵守，免不了因此生气，实际上孩子会觉得有些莫名其妙。

纪律之所以是纪律，最重要的就在于它"必须被遵守"，孩子即便有不悦、有反抗情绪也"必须服从"。孩子纪律感差，不遵守规则，实际上很大一部分原因在于父母一开始就没有坚持"纪律必须遵守"的原则。

要想培养并强化孩子的纪律感，父母就一定要懂得提出限制和要求，比如每天晚上只能看1小时电视，见到陌生长辈必须要打招呼，生日时只能挑选一个喜欢的玩具……当我们提出的限制足够明确，并严格执行的时候，孩子就会对纪律形成一种敬畏感，从而在父母的引导和规范中学会遵守。

不过，在给孩子提出限制时，要注意两个问题：一是要允许孩子发泄自己的情绪，在最初遵守纪律和规则时，孩子往往会比较有抵触情绪，明明喜欢两个玩具，可是只能买一个，所以孩子会哭闹、发脾气等，要允许孩子通过这样的方式发泄，重要的是他是否遵守约定；二是在给孩子强调纪律的时候，语言要客观、简洁，比如，告诉孩子"今天游戏就玩到这"比"你已经玩了好半天游戏了，不能再玩了"更容易令孩子接受。

5. 带孩子走出去，塑造冒险精神

在很多妈妈眼里，阿花妈是一个心大得有点不够尽责的妈妈。小孩子刚学会走路后，都喜欢在家里四处走，而且尤其想往高的地方爬，窗台、柜子等，一般父母都特别紧张，怕孩子会摔到、碰到，所以往往禁止孩子这么做，阿花妈却恰恰相反，当女儿阿花费尽力气想爬上窗台的时候，阿花妈不仅没有制止，还鼓励孩子自己搬凳子或者想其他办法爬上去。

阿花妈从女儿三岁开始，就让孩子独自一人睡一个房间，为此孩子的爷爷奶奶、姥姥姥爷都觉得阿花妈太狠心，坚决反对这么做，不过阿花妈还是顶住压力坚持了下来。也有其他"宝妈"问："孩子这么小，你不担心她自己睡会从床上滚下来，晚上踢被子会感冒吗？"阿花妈直言："我早都告诉阿花了，转身的时候摸一下床沿，到床边了就滚回去。至于感冒，谁说和大人睡就不会感冒呀？"

女儿大些之后，阿花妈常让孩子一个人在小区骑车或者玩滑板车，让孩子独自穿过马路回家。

"生活中有很多机会，我都尽量抓住，一点一滴地去培养孩子胆大、心细、敢冒险、敢做的品质。性格决定命运，作为一个妈妈，我希望自己的女儿以后能勇敢地抓住她自己想要的东西，而不是因为胆怯、保守丧失机会，并在遗憾中度过一生。"阿花妈在回答其他父母的疑问时这样说道。

"别走那么快，别摔倒了。""别爬那么高，别掉下来了。""扶着栏杆，别摔倒了。"有时候当你把孩子划定在一个很安全的圈子里时，孩子也就失去了冒险和勇敢探索的精神。故事中阿花妈的教育初衷令人十分感触，有多少人，喜欢一个人不敢表白，最后只能看喜欢的人成为别人的伴侣；有多人，想去创业却不敢行动，结果只能看着旁人一步步地功成名就：这时候再后悔实在太过苍白。唯有教会孩子勇敢、冒险，他们才能在未来的人生中多一些掌控力，少一些遗憾，才能紧紧地抓住自己想要的东西。那么，如何培养孩子的冒险精神呢？

（1）带孩子走出去

整天闷在家里是养不出一个敢于冒险的孩子的，要带着孩子走出门去，去旅游、去亲近自然、去接触新事物和陌生人。可以带孩子去游泳、滑雪、爬山、钻洞、攀岩，也可以带孩子到野生动物园看狼、虎、狮子等凶猛的动物，或者带孩子去陌生的地方游玩。在游玩的过程中，要有意识地多让孩子打头阵，这有助于孩子克服对陌生地方和陌生人的恐惧，从而能坦然面对更多的未知。

（2）循序渐进引导

对于一些胆小的孩子，一下子让他们参与到富有冒险精神的活动中，他们往往会产生巨大的排斥感，甚至变得更加退缩、胆小，所以父母在培养孩子冒险精神的过程中，要注意循序渐进，可以先从生活中的小事开始，然后再走出家门。可以先给孩子讲一些英雄的故事，给孩子树立冒险者很高大的形象，然后再逐渐鼓励他们去做一些体现自己胆量的事情。循序渐进地引导可以最大限度地降低孩子的抵触心理，父母在此过程中一定要有耐心和长期教育规划以及目标，以免半途而废。

6．警觉心：孩子安全意识的培养很重要

随着孩子慢慢长大，父母也不再二十四小时陪护，但孩子所面临的挑战却越来越多：要去学校读书，假期会和小伙伴们玩耍，要独自过马路，独自去商店买东西，独自回家……可供孩子活动的场所越来越多，这也意味着他们身边的不安全因素随之增多。

如今，为了保证孩子的出行安全，有私家车的家庭大都配置了儿童安全

座椅，不过年龄偏小的孩子没几个喜欢长时间地被固定在座位上，不能动来动去对于"只有睡着才会老实"的孩子来说实在是个挑战。

对此，丁丁妈很有办法，丁丁妈的高明之处就在于将安全教育润物细无声地传递给了孩子。丁丁喜欢看广告，有一次看到一则动画版的交通公益广告，一岁多的丁丁问妈妈："为什么车坏掉了？"丁丁妈回答道："出车祸了，两辆车碰到一起就会引发车祸，然后坐在车里的人就会有生命危险，如果爸爸妈妈出车祸，丁丁就再也见不到爸爸妈妈了……"

借着这个机会，丁丁妈和孩子科普了交通安全、交通规则等，告诉孩子开车要系安全带，坐车也要系安全带，小朋友还要坐儿童安全座椅。自此以后，丁丁就对交通安全有了很深的认识，每次一家人开车出行时，丁丁都会主动坐到儿童座椅上，还会专门提醒爸爸妈妈要系安全带。

对孩子的安全教育不要太过正式，要尽可能生动、有趣、贴近生活，能让孩子产生切身感受，如此一来，孩子往往更容易理解和接受。此外，安全教育是一个大课题，其中包含了方方面面，父母在培养孩子警觉性和安全意识方面，要尽可能全面，毕竟安全无小事，处处防范才是上上之选。

（1）科普安全常识

水、电、煤气、交通、雷电、下水管道等是孩子日常生活中比较常遇到的安全隐患，一定要从小给孩子传授必要的安全常识，如雷雨天不能在树下避雨、穿过马路时要走人行横道、使用电器的注意事项、怎样避免触电等。市面上有专门给儿童阅读的安全类书籍，父母可以结合书籍以及现实生活中的问题，对孩子进行安全常识教育。

（2）教会逃生技巧

面对突如其来的安全事故时，孩子年龄小、经验少、阅历不足，往往会不知所措，甚至急中生乱反倒令事态更严重，比如遇到火灾时，根本没考虑所住楼层高矮就盲目从窗口逃生，结果造成坠亡。正确的逃生技巧能最大化地保护孩子的安全。家长千万不要忽略对逃生技巧的培养，必要时可现场演练，以确保孩子掌握突发事故的逃生技巧。

（3）游戏式检验成果

在做好前面两项工作之后，我们就可以看看孩子到底理解、掌握了多少，可以采用游戏式的方式来检验孩子的安全知识掌握情况。比如人为地创设一些问题场景："突然发生地震了，要怎么办？""台风来了，狂风直接卷走了窗户，外边风雨交加，时不时有树枝、玻璃碎片等被风带进房间里来，屋内一片狼藉，这时候应该怎样保护自己？""周一的早晨，你被反锁在家里，眼看上学就要迟到了，你该怎么办呢？"可以通过设置这类场景，来检验孩子的安全意识和自救技巧，家长可从旁引导，这种方法可以很好地提高孩子的危机处理能力。

7．教孩子勇敢站起来、说出来、唱出来

"贝贝这个孩子，最近是怎么了？以前挺活泼开朗的一个孩子，怎么近期总是一个人默默地蹲在角落里呀？"班主任王老师说道。

"是呀，我也发现了，这孩子现在上我的课也不怎么积极了，眼神躲躲闪闪的，唯恐我提问。"语文老师李老师说道。

"我记得原来贝贝最喜欢上你的课了，上一次作文大赛，她的作文还获奖了呢。"王老师说道。

"就是，这孩子以前对语文感兴趣，现在不知是怎么了。"李老师说道。

为了弄清楚状况，帮助贝贝，王老师觉得应该和贝贝的妈妈沟通一下。

王老师将贝贝在学校里的情况如实向贝贝妈妈反映。贝贝妈妈听完之后，沉默了很久，说道："王老师，我觉得孩子的情况，是我和她爸爸离婚导致的。这样吧，这段时间我和她爸爸多陪陪她，沟通沟通。您也多开导开导她。"

回到家里之后，妈妈问贝贝："贝贝，老师说你现在不爱说话也不爱唱歌了，总是一个人缩在角落里，是不是爸爸和妈妈离婚对你产生的影响？"

贝贝默默地低着头，没有否认。

妈妈明白自己猜对了，于是对贝贝说道："孩子，不管爸爸妈妈是不是离婚，我们永远和以前一样爱你，这一点是不变的。而且你要是想爸爸了，爸爸就会立即来看你的。"

"可是妈妈，我觉得没有家了。"孩子终于说了一句话。

妈妈很内疚，的确离婚给孩子带来的伤害太大了。"宝贝呀，你怎么会没有家呢？妈妈的家是你的家，爸爸的家也是你的家。我们永远都是你的父母，绝对不允许任何人伤害你。只是爸爸和妈妈不在一起住了而已，其余的都没有变呀。"

"怎么可能没有变呀，你和爸爸不是一家人了。"孩子哭着说道。

妈妈抱住了贝贝，说："孩子，我们永远是一家人，因为我们有你，所以爸爸和妈妈永远都是亲人。只是我们不适合在一起生活了。"

听到妈妈这么说，贝贝的心里觉得好受多了。

孩子的情绪影响着孩子的行为。当孩子产生恐惧情绪时，他们会变得自闭，喜欢待在角落里，不愿意向外界展示自己，比如站起来、说出来、唱出来、走出去等等，何况这些行为对他们来讲原本就需要克服很大的心理障碍。

那么家长如何教孩子勇敢展示自己呢？不妨从以下两点切入：

（1）深挖让孩子缺乏安全感的根源

例如事例中的贝贝之所以感到恐惧，缺乏安全感，是因为父母的婚姻破裂，她觉得自己没有家了。当母亲找到问题的根源后，对症下药，与孩子进行了有针对性的沟通，大大减轻了孩子的恐惧心理。

因此，想要教孩子勇敢站起来、说出来、唱出来，克服恐惧心理，父母需要寻找让孩子产生恐惧的根本原因，以便对症下药。

（2）帮助孩子克服恐惧心理

克服孩子的恐惧心理首先要帮助孩子树立自信心，提高孩子的整体素质，比如：多给孩子展示自己的机会。父母可以多给孩子提供在人群前讲话的机会，不管孩子说得好不好，只要孩子敢于站出来，就是进步，就必须要鼓励孩子。很多孩子为了得到父母的鼓励，非常喜欢"炫耀"自己，不要阻止孩子的行为，只要孩子能够树立起自信心，"炫耀"一下又何妨？

　　其次，事先精心的准备有助于克服孩子的恐惧心理。事实上，在人前展示自己，很多人都会觉得有些紧张。消除紧张最好的方法就是做好充分的准备。因此，父母可以事先和孩子一起做足准备，以此来有效降低孩子的恐惧心理。

第十三章

要"狠"心，让孩子尽早自立自强起来

1．独立意识萌芽期，鼓励孩子自理

"萌萌长大了，应该学着自己吃饭了，看爸爸妈妈都是自己吃饭的。"妈妈说。

孩子很听话，小手试着拿勺子。"哎呀！"孩子没有把食物送进嘴里，弄了一身。

"你们可别难为孩子了，这么小能自己吃吗？你看弄一身不是。"姥姥在一旁埋怨着。

"妈，孩子需要学着自理了，不能再什么都帮他做了。"妈妈说道。

"我不听你的大道理，我就记得你像萌萌这么大时还天天吃奶呢。"姥姥说道。

"哎！"萌萌妈叹了一口气。

几天后。"萌萌真棒，会自己吃饭喽。"妈妈说道。

"哎呀，萌萌来，他们不喂你，姥姥喂你。"姥姥说着就想拿过孩子手中的勺子，喂孩子吃饭。

还没等萌萌妈妈说话阻止，萌萌先反对起来了："不要姥姥喂，我要自己吃饭。"

姥姥和妈妈惊讶地看着萌萌。

"孩子说得对，妈，如果你不鼓励孩子自理，将来孩子上幼儿园怎么办？眼看着就到三岁了。"萌萌妈妈趁机说服姥姥。

三岁前后是孩子养成各种良好生活习惯的重要时期，父母在孩子独立意识萌芽期，适时地强化孩子的自理习惯，更能起到事半功倍的效果。

很多父母的溺爱，让孩子的自理能力越来越差。这种现象在幼儿园的小班孩子身上最为明显。

随着孩子自理问题的不断曝光，越来越多的家长开始关注孩子自理能力的培养。我们结合具体情况总结了如下四点关于培养孩子自理能力的技巧。

（1）及时给孩子讲述自理的重要性

随着孩子独立意识开始萌芽，父母要逐渐给孩子灌输自理的意识，如："自己的事情自己做""自己动手，丰衣足食"等。不要觉得孩子听不进去，这个时期的孩子总体上还是非常听话的。

（2）日常生活中，孩子的事情尽量让孩子自己做

比如：穿衣服、吃饭、洗漱、刷牙等等，这些事情尽量让孩子自己做。最开始孩子做不好，或是做不成功，家长可以帮忙，但是不能包办。事实证明，只要家长有耐心，孩子什么事情都能学会。

（3）对孩子的态度要始终保持一致

良好生活习惯的形成需要一个过程，在这个过程中，家长对孩子的态度、要求、原则要始终保持一致，切忌三天两变，这样会把孩子弄糊涂的，不知道应该按照什么标准做。比如，今天家长情绪很好，孩子提的任何要求全部应许，包括平时坚决"不许边吃饭边看电视"的原则也破例打破了。这会让孩子感到很疑惑："原来这个铁规矩也可以商量呀，那下一次我多求求妈妈，说不定她也会答应我的。"孩子的思维出现了松动，接下来的日子，家长恐怕要花费很大力气与孩子周旋了。

（4）孩子做得不好，不要训斥孩子

静静是一个非常懂事的孩子，五岁的时候妈妈开始教她包饺子。静静学得很认真，可是依旧总是出错。每次静静出错时，妈妈都会在一旁训斥她，甚至用筷子敲她的手。静静觉得包饺子一点都不好玩，于是再也不愿意学习了。

刚开始接触家务活时，很多事情都得慢慢学，父母要有耐心，多鼓励孩子，不要动不动就训斥孩子，要学会欣赏孩子，看得见孩子的进步，及时鼓励孩子，让孩子在愉快、轻松的环境中成长。千万不要打击孩子的积极性，过多指责会伤害孩子幼小的心灵。

2．一定要大力支持孩子的积极尝试

在育儿过程中经常会遇到孩子不听话的情况，如孩子乱扔东西，喜欢吃糖，尝试着去做危险的动作，等等。孩子在刚刚出生的时候，就像一张张白纸一样，什么也不会，家长说什么都会听。可因为种种因素，孩子变得越来越不听话。下面我们来分析一下如何使孩子听话。

（1）尊重孩子，教育孩子应该耐心疏导而非禁止

孩子都爱吃糖，但很多家长认为吃糖对孩子不好，增加肝肾负担不说，还会影响孩子的牙齿健康，因此，当孩子提出吃糖的请求之后家长会毫不留情地加以拒绝。就这样，孩子越是吃不到糖，就越觉得糖果是这个世界上最好吃的东西。为了能够吃上糖，孩子开始想办法了，用玩具和邻家小孩交换。就这样，孩子在历经千辛万苦终于吃上了糖的时候，恐怕糖果的味道将会成为孩子印象中最美的味道，令孩子终生难忘。很多时候，家长的这种拒绝不仅没有起到杜绝的效果，反而加剧了孩子的某些行为，这种局面是家长始料未及的。

正确的做法是让孩子大胆去尝试。为了更好地保护孩子，家长可以给孩子购买质量好的糖果，让孩子品尝，甚至可以多品尝几次。当吃糖不再是难事时，孩子也就不再惦记了。事实上，孩子对糖果的迷恋远没有我们想象中那么深刻。孩子天生充满了好奇心，很多事情家长越是不让他们做，他们越是好奇，越是想做。与其让孩子偷偷摸摸地去做，还不如让他们大大方方地去尝试，这样家长至少能够了解事情进展的状况。

（2）根据孩子的成长特点，做出适合孩子的引导方案

孩子在六岁之前都会非常敏感，他们非常在乎父母对自己的态度。这个时期，孩子的性格还不完善，在孩子做出一些不当举动时家长不要大声呵斥，不要动不动就拒绝孩子，要尽可能地配合孩子，让孩子顺利度过敏感期。如孩子喜欢在地上乱爬，家长不要加以禁止，而是应当把室内卫生做好，让孩子在自由发挥的时候保证其健康。让孩子尝试着去做他们想做的事

情，不要扼杀掉孩子尝试的勇气。

（3）为孩子创造更多的尝试机会

父母应当经常带着孩子出去走走看看，社会是一个信息汇集的地方，信息就是机会。让孩子多接触一些新事物，可以开阔孩子的眼界，让孩子拥有更广阔的思维。记得一位哈佛校长是这样教育孩子的，每年他都会安排一段时间，带领自己的孩子去一个陌生城市生活。当然，在此之前，孩子需要事先了解一下这个地方的风土人情。这便是让孩子尝试接受、了解新事物的很好方式。这位校长为他的孩子创造了尝试的机会，让其孩子了解得更多、看得更远。这样的孩子，在长大之后能够更加坚持自己的人生观，更清楚自己需要的是什么。

（4）永远不要直接拒绝孩子

有一对老夫妇非常喜爱孩子，他们的院子里有一个天然的足球场，每天都会有很多孩子来踢球。刚开始，夫妇俩非常欢迎孩子来玩。可是，渐渐地，这对老夫妇觉得孩子的精力很旺盛，总是不分昼夜地踢球，影响到了他们的休息，因此，他们决定不再让孩子来玩耍了。但是，他们并没有直接对孩子说，而是先给孩子一些水果吃，渐渐地，给水果的次数少了，最后干脆一个水果也没有了。孩子已经适应了边玩边吃水果的状态，忽然间水果没有了，他们开始抱怨起这对老夫妇来。最后，孩子决定不再去老夫妇家玩了。就这样，老夫妇通过让孩子亲身体验由好到坏的经历之后，顺利达成了目的。

不想让孩子看电视，不想让孩子吃零食，不想让孩子乱花钱……这些问题，家长都可以有智慧地想出解决的办法来，但是，绝对不可以直接拒绝孩子，明令禁止只会激起孩子叛逆的心理，家长越是约束，孩子越是好奇，越想尝试。倒不如直接让孩子去尝试，让孩子亲身体验一下不好的后果，孩子就会知难而退，不再坚持了。

3．太费心照料，只会养出"麻烦"的孩子

每一天，都有无数成年人成为新的父母。他们在体验亲子之乐的同时，

也伴随着孩子的成长，体验着他们的困惑、焦虑、懊恼。孩子不仅仅需要全心全意的照顾，更需要正确的教育。孩子的教育是一门充满着科学技巧和方式方法的艺术。因此，家长不仅仅是孩子的保姆，更是孩子的师长。正如马克思所言，父母的责任是教育孩子。而在当今社会，很多家长却忽略了老师这个重要的角色，全心全意地做起了孩子的保姆，殊不知，太费心照顾只会培养出"麻烦"的孩子来。

飞飞出生在一个富裕的家庭，父母两人均是做生意的好手，财富积累得很迅速，对飞飞也甚为宠爱，好的食物随便吃，好的玩具随便买。总之，家里有条件，他们要给孩子最好的生活。

因此，小飞飞很快就成了一个小胖子，而且脾气很坏，无论到哪里，从来都不吃亏。每当孩子与人争斗获得胜利时，母亲都会开心大笑，认为儿子很有她当年那股"天不怕，地不怕"的劲头。

这天，飞飞的远房姑姑来家里做客。由于好久没有见到飞飞了，姑姑很是想念，便陪着孩子一起看动画片。动画片播放完了，姑姑便将电视切换到了其他频道。只听飞飞大吼了一声："我还想看，快给我调回来。"姑姑笑着告诉飞飞："今天的节目结束了，只能等到明天再继续观看了。"而飞飞则不依不饶，顺手拿起身边的小凳子直接砸向了电视机……姑姑是一名幼儿教育者，她看出了飞飞存在的问题，急忙与哥哥嫂嫂进行沟通，希望他们改变教育孩子的方式。谁知哥哥竟不以为然地笑了，说道："妹呀，哥哥这么大岁数了，有个孩子不容易呀，已经很知足了。"

说到这里，笔者很想问问这个家长，有个孩子是不容易，但就能因此纵容孩子的一切行为吗？要知道，这会毁掉孩子的。

法国教育学家卢梭曾经说过，让孩子不幸的方法就是对他千依百顺。这里，卢梭所指的"千依百顺"就是指家长对孩子太过费心的照顾。如今，很多家长也清楚地意识到了对孩子过分照顾不是一件好事情，但是他们却常常分不清楚什么是太费心的照顾。其实，太费心的照顾无非有以下五种：

（1）特殊的待遇

小小孩儿，对于家庭而言可以说寸功没有，却成了家庭中享受特殊待遇的对象，如家里的电视机成为孩子的专用品，同时还配备数名随叫随到的"服务员"负责播放电视、端茶倒水、送水果盘……这样的特殊照顾，更多时候培养出了孩子"唯我独尊"的意识，导致他们很难包容他人，很难融入集体生活。

（2）过分关注、过分满足

孩子成为家庭的核心，全家人围着其转圈，掌声、赞扬声、溺爱的眼神、过度的关心、要什么给什么，造成孩子只知道一味地索要而不懂得珍惜，稍不如愿便乱发脾气，很难适应外部环境。

（3）大包大揽、代包代办

很多家长总是在无意中去弱化孩子的自主能力，他们帮助孩子做很多事情，造成孩子的独立性较差，甚至有的孩子直到五六岁还不会自己穿衣服。

（4）过分袒护、护短

有的家长即使清楚孩子做得不对，但依然袒护、护短，不惜与其他人发生冲突，造成孩子的性格扭曲、不明是非。

（5）不给孩子空间，将孩子变成自己的"小尾巴"

很多家长不放心孩子一个人做事情，甚至孩子一个人看电视也想过去陪着，造成孩子过分依赖父母或家中老人。如此一来，孩子便时时刻刻都离不开父母，逐渐丧失了独立性，自信心也随之消磨。

过分照顾孩子只会带给孩子无穷无尽的伤害，很多小孩子的不良举动都是因为家中的费心照料。专家们将这种费心的照料比作是"甜毒品"，孩子百吃不腻，却会最终伤及根本，造成很多问题行为的发生。

4．赶快抛弃"以孩子为中心"的育儿法吧

越来越多的年轻人，平日里能力没有多少，脾气倒是不小；不能允许别人批评自己，自私任性，不讲道理，没有责任心，没有耐心，没有气量，干工作总是三天打鱼两天晒网；不能很好地融入到集体生活中，公司里的人际关系搞得一团糟，换工作好似换衣服一样……于是，企业开始埋怨大学的教

育不合格，教育出来的学生中看不中用。而大学也不愿白白"背黑锅"，转手便将责任甩给了义务教育没有打好基础。事实上，追本溯源，根本原因还是在于家庭，这些都是"以孩子为中心"育儿法的产物。

"以孩子为中心"的育儿法曾被日本人民所广泛采纳，在这一过程中，日本孩子的品行越来越坏，教育难度越来越大，很多学校都为生源的质量而发愁。孩子不思进取，教师磨破嘴皮也不能"传道授业解惑"，稍有不慎，还会招来学生的暴力报复。家庭、学校、社会，这是孩子大致的人生路线。在这个过程中，家庭教育是罪魁祸首，学校是第二受害者，社会是第三受害者，也是受害最严重的。试想，当整个国民素质大幅下降时，这个国家还有希望吗？在这个过程中，所有人都是不幸的，当然孩子是最不幸的，他们需要为此付出一生的时光。

赶快抛弃"以孩子为中心"的育儿法吧。在一所国内知名的大学里，发生了这样一件令人匪夷所思的事情。

一位数学系的高才生，因为数学天赋高而被学校保送出国继续深造。这种难得的机会是很多人都梦寐以求的，谁知这名大学生竟然选择了放弃，而放弃的理由也令人大跌眼镜。原来，这名大学生从小便被父母细心地呵护着，直到成人依然不会自己洗衣服、叠被子、做饭，更别说出去买必需品了。他不懂得如何与别人沟通，他的生活完全要由母亲帮助料理。也就是说，这名数学天才离开他的母亲根本就无法独立生活。

很显然，这名大学生是"以孩子为中心"育儿法的典型产物，而他母亲则事事以他为先，全心全意地照顾着他。在这种育儿法的教育、引导下，这名早已成年的大学生始终生活在母亲的羽翼之下。

这是一个孩子写给母亲的信，信中说出了孩子的心声。

"妈妈，每当我想帮助您做些家务时，您总是拒绝，生怕我受伤。在您的眼中，我永远是一个长不大的小婴儿。我能理解您对我的爱，但是，妈妈，我真的不希望您像一个保姆一样无微不至地照顾我。我已经长大了，今后的生活需要我自己独立面对，我更希望您能像一名导师，用您那丰富的人生经验引导我成长，引导我独立面对生活中的磕磕碰碰。"

　　这封简短的信，说出了很多孩子的心声。一味地以孩子为中心，过度地保护，更容易伤害孩子。即使父母是一把结实的大伞，也不能一辈子为孩子遮风挡雨。终有一天，当你没有能力再继续照顾孩子时，孩子是要独立面对生活的。在这个时候，你并没有培养出一个能够承受风雨摧折的孩子，又情何以堪呢？

　　因此，每对父母都应赶快抛弃"以孩子为中心"的育儿方法，放开手脚，让孩子独立面对自己的生活，不要事事代劳，将孩子困在自己的臂膀之下。父母可以从以下几点着手：

　　（1）不要对孩子的事大包大揽，这样只能剥夺孩子锻炼生活技能的机会，只能培养出离开父母就寸步难行的孩子。

　　（2）要从心里相信孩子。孩子远比我们想象的要聪明，只要家长给予孩子足够的空间，孩子就一定可以做好自己的事情。

　　（3）尊重孩子。孩子虽小，但却是独立的生命体，很多事情应该由孩子自己决定，家长没有权力代替孩子处理。

　　蒙台梭利曾经说过："每一个独立了的儿童，他们懂得自己照顾自己，他们不用帮助就知道该怎样穿鞋子、怎样穿衣服、怎样脱衣服，在他们的欢乐中，能映照出人类的尊严。因为人类的尊严，是从一个人的独立自主的情操中产生的。"因此，父母一定要明白，孩子是独立的个体，他们不需要任何人完全为之服务，他们有能力独立处理自己的事情。在孩子的人生之路上，他们能依靠的只有自己，而父母只需要扮演配角，配合着孩子走好他们的人生之路。

第十四章

如何培养孩子的社会能力：神奇的游戏

1. 专注能力：什么年龄都能玩的"闪卡"

日常生活当中我们经常能够见到注意力不集中的孩子，他们拿起了积木，又看上了旁边的小汽车，小汽车没玩多久又看起了连环画；上课的时候不专心听讲，三心二意，一会儿翻翻书，一会儿看看窗外；做作业的时候也是边做边玩……

孩子的这些表现让很多家长都头疼不已，有的父母甚至因此而责罚孩子。其实，这些就是孩子注意力不集中、专注力差的表现。成长中的孩子对什么都好奇，他们确实很难把注意力集中到一件事上。

而专注却是一切学习的开始，如果缺乏专注力，那么就无法将精力集中到一件事情上，也就很难把事情做好。所以，对孩子专注力的培养要从小开始，只有有了良好的专注力，孩子才能将注意力集中到学习上，这样才有利于孩子学习各种知识、各种技能。

专注力对一个人的成长很重要，它是一个人适应环境的基本能力。对孩子来说，专注力就是让他们把视觉、听觉、触觉等集中到某一事物上，从而达到认识该事物的目的。

其实，孩子先天就具有专注力，但是随着年龄的增长，外界对他们的诱惑也越来越多，他们的好奇心也越来越强，外界对他们的干扰也越来越多，这才导致了他们专注力的下降。当然，也可以通过有意识地培养而强化孩子的专注力，比如延长孩子集中注意力的时间。

孩子虽然天性好奇，但是他们对某一事物的好奇持续的时间却比较短，如果出现了新鲜的事物，他们的好奇心就会跟着转移，注意力也就会跟着转移。所以，父母要想培养孩子长时间的专注力，就要让孩子对一件事情持续好奇下去。而好玩有趣的游戏无疑是吸引孩子长时间注意的最有效方法。

在强化孩子专注力的游戏中，"闪卡"游戏是一个不错的选择。"闪卡"原本是针对智障儿童开发的，用于治疗脑损伤的孩童。其基本原理就是通过强化孩子的右脑，锻炼孩子快速记忆的能力，强化孩子的感知觉能力。

后来有人发现，"闪卡"游戏也可以强化孩子的注意力。"闪卡"游戏通过闪失的方法向孩子传达信息，以刺激孩子的大脑神经。如果孩子想要看清楚"闪卡"上的内容，就要高度集中注意力，读取卡片上的信息。

笔者有一个朋友，就是通过类似游戏强化了女儿的专注力。

朋友的女儿叫晓晓，是一个活泼好动的女孩，可以说是没一刻能闲得下来。上学之后，晓晓依然好动，始终无法将注意力集中到学习上，学习成绩始终不理想。这位朋友为这件事情苦恼了很久，后来他从网上了解到"闪卡"游戏可以用来锻炼孩子的专注力，于是就想尝试一下。

不过这位朋友没有用"闪卡"，而是用了一些彩带。在同女儿玩游戏的时候，他会拿出几条彩带从女儿的眼前晃过，然后问女儿一共有几条彩带。开始时晃彩带的速度比较慢，女儿能够很快看清。后来速度越来越快，女儿就不得不越发集中注意力，仔细分辨有几条彩带。

经过循序渐进的锻炼，晓晓的注意力越来越集中，而且回答的正确率也逐渐升高。到后来，她的正确率达到了90%。在这个过程中，晓晓的专注力、观察力都有了很大提升，而且记忆力也越来越好，上课的时候也不再三心二意，学习成绩有了很大进步。

培养孩子的专注力，其实就是强化孩子的意志力，通过强化意志力，将孩子的注意力保持下去。不过，要想让孩子的注意力保持下去，就要考虑孩子的情绪、心态、心理需求等等。因此，要想培养孩子的专注力，就要选一个相对安静的环境，减少外界的干扰，而且选择的游戏要有挑战性，还要能够满足孩子的好奇心、自信心，这样才能刺激孩子坚持下去。

当孩子一旦专注于某件事情时，他们就会一直探索下去，从中吸取知识。所以，家长在培养孩子的专注力时，可以有意识地引导孩子对事物产生好奇心，并进一步引导孩子将好奇心放在学习上，这样就会激发孩子学习的欲望，家长也就不用担心孩子在学习上没有定性了。

当然，在培养孩子专注力的时候，家长一定要注意循序渐进，切忌急功近利，否则只能适得其反，让孩子变得暴躁，更加没有定性。

2．规则遵守：带孩子来玩指令游戏吧

规则是日常生活中人们应当遵守的法则、章程、条款等，也是维护社会正常秩序的基础。规则的存在就是要让每个人都去遵守，而且每个人也必须遵守。不过，对于多动的孩子来说，规则的约束会让他们感到不舒服。所以，面对规则，孩子多数是对抗，而不是遵守。

让孩子遵守规则并不是一件容易的事，一方面是孩子的神经系统发育还不成熟；另一方面，孩子成长的过程也是一个探索、认知的过程。对此，孩子更想随心所欲地探索，对于规则的约束必然也会很抵触。相信很多家长都有过这样的经历。

"儿子，不是说好了只玩一会儿电脑吗，怎么又玩了这么长时间？"

"爸爸，我才玩了半个小时而已。每次一玩游戏您就说，烦不烦啊。"

"那你就该好好听我的话！说好了一会儿，就是一会儿。"

"半个小时不也是一会儿吗？"

对于儿子的反驳，老爸只能无奈地叹气。

其实，这样的情形很多，家长站在自己的角度对孩子发号施令，孩子站在自己的角度来思考家长的指令，这之间必定会出现理解上的偏差。而这些偏差也就让家庭当中制定的规则不能被认真遵守，规则意识也就无法在孩子心中形成。

不过，要让孩子遵守规则并非不可能，通过教育、培养，孩子也能够很好地遵守规则。在培养孩子遵守规则的游戏中，指令游戏的效果往往比较好。孩子的意志力一般比较差，很难长时间地坚持做一件事情。但是对于有趣的游戏，孩子却都愿意参与其中。

在国外，有一个著名的"西蒙说"游戏，这个游戏是在几个孩子中选出一个人，让他担任"西蒙"这个角色。然后"西蒙"发号施令，当他说"西蒙说，抓耳朵"时，其他小朋友就要抓自己的耳朵；当他说"抓耳朵"，而没有说"西蒙说"的时候，其他小朋友就不能有动作，如果有做错的就淘汰

出局。最后，胜利者可以扮演下一轮的"西蒙"。

这个游戏一方面可以培养孩子的反应能力，另一方面也可以培养孩子的自控力，孩子可以在这些指令游戏中学会遵守规则。

我们都玩过游戏，也都知道游戏很有趣，而游戏之所以有趣，是因为游戏都有规则，如果违反了规则就要受到惩罚。孩子喜欢游戏，必然也会喜欢游戏中的规则，也会去遵守游戏中的规则，甚至有的孩子还会因为某个规则而去玩游戏。

当然，并不是所有孩子都能认真遵守规则，因为不是每个孩子都有很强的规则意识。不过，通过一次次的游戏，又有其他小朋友在旁边做榜样，那些规则意识弱的孩子也会逐渐强化自己的规则意识。

虽然有些孩子不愿意遵守规则，但是这并不代表他们没有规则意识。如果大人要他们做的事情违反了他们的规则，那么他们也就不愿意去做了。比如，吃饭的时候孩子想要用勺子，但是家长却让他们用筷子，这就违反了他们心中的规则，他们自然就不愿意吃饭了。

其实，不光是指令游戏能够培养孩子遵守规则的意识，平时家长与孩子交流，对于指令的运用也可以培养孩子遵守规则的意识。

当然，这需要家长在发出指令的时候做到清晰具体。比如，父母想要教导孩子懂礼貌，应该明确告诉孩子如何做才是有礼貌，如明确地告诉孩子"见到叔叔阿姨要问好"，而不是简单地告诉孩子"你要懂礼貌"。

另外，孩子的心智并不成熟，家长发出指令时应该一次只给一个指令，而不要发出多重指令，因为过多的指令只会让孩子迷惑。

同样的指令只能发出一次，而且要用肯定的语气。比如让孩子吃饭，只需要通知他一次，不要反复地唠叨，如果孩子没有反应，也不要再叫他第二次。因为反复的唠叨不但会让孩子觉得厌烦，也会让孩子的规则意识淡化。

还有，在对孩子发出指令的时候使用正式的语气和口吻效果会更好。比如不让孩子玩游戏，如果说："儿子别再玩游戏了，该学习了。"这样孩子可能会无动于衷。但是如果说："王小东，现在是你学习的时间，不要再玩游戏了。"这样孩子一般会乖乖放下手中的游戏而去做功课。

其实，观察一下不难发现，那些有规则意识的孩子，他们的自制力普遍比较强，而且也能够更快地适应陌生环境，他们的成长也明显比那些没有规则意识的孩子快。因此，要培养孩子的自控力，就不能忘记培养孩子的规则意识。

3．情绪自控：十分刺激的"抓卧底"游戏

人都有七情六欲，愤怒的时候会发火，高兴的时候会大笑，难过的时候会流泪。情绪会暴露一个人的心理活动，所以人们都要学着控制自己的情绪，不过控制情绪并不是一件容易的事，对孩子来说就更难了。

在孩子成长的过程中，对孩子影响最大的不是外部的困难，而是孩子自己，因为心智还不成熟的他们很难控制自己的情绪。一愤怒就大发雷霆，周围的小伙伴也就会对他"畏"而远之；一难过就哇哇大哭，周围的人也会被他的情绪所感染，而变得难过、焦躁。

著名的心理学家、人际关系学家卡耐基曾说过："每个人的每一天都面临着情绪管理的难题，可以说情绪管理是整个人生的第一管理。"还有人说过，一个人要想取得成功，起到关键作用的不是他的智力而是情绪控制力，前者只占了20%，后者则要占到80%。

情绪是人的情感的外在表现，它反映的是一个人的心理活动，也左右着一个人的思想和行为。不管是成人还是孩子，正面情绪可以让人更加冷静、自信，处理事务时也更谨慎、有条理；负面情绪则会让人焦躁、冲动，遇事慌乱、不知所措。所以，当人们学会了控制情绪、摆脱了负面情绪时，也就能更好地控制自己的思想和行动了。

其实，调控情绪也是情商的一种表现。因此，那些懂得控制自己情绪的孩子情商也比较高。日常生活当中，这些孩子在心态、心境上要比那些不会控制情绪的孩子高出一筹，他们的适应能力也比其他孩子强，也更容易得到其他孩子的认可与喜爱。

不过，毕竟是成长期的孩子，各方面的发育都不成熟，控制情绪的能

力还比较薄弱，这就需要家长有意识地引导，教导孩子学会控制情绪，掌控自我。

小军在幼儿园上大班，是一个活泼可爱的小男孩，他很喜欢和幼儿园的小朋友一起玩，幼儿园的小朋友也很喜欢他。不过，小军有一个毛病，那就是遇到不顺心的事情就会情绪低落，有时候还会站在那里哇哇大哭。但是哭过之后，他就又和小朋友玩在了一起，仿佛什么事都没有发生过一样。

小军的表现其实就是无法控制情绪。老师认为，幼儿园和小军的家长应该帮助小军学会控制自己的情绪。后来，在老师的安排下，大家和小军一起玩起了"抓卧底"的游戏。

相信很多家长都了解这个游戏，这个游戏的规则是这样的：选出若干参与者——一般是七个人，然后，每个人会拿到一张写有词语的卡片，其中六个人拿到的词语是一样的，剩下的一个人拿到的词语和另外六个人的词语相似（这个人就是卧底），然后大家依次描述自己拿到的词语；描述的时候既要给同伴暗示，又不能让卧底发现。

一轮描述完毕，大家轮流发言，指出谁是卧底，得票最多的人被淘汰出局，如果有相同得票的就再次投票。如果在这期间卧底被指出，那么其余六人获胜。如果到最后剩下两个人时，卧底还没有被指认出，那么卧底获胜。

做这个游戏，不仅可以考验参与者的语言表达能力，也可以考验参与者情绪控制的能力，如果不能很好地控制自己的情绪，则很容易让其他人从其情绪上发现破绽。所以说，"抓卧底"游戏能够很好地锻炼一个人的情绪自控力。

当然，除了通过游戏来锻炼孩子的情绪自控力外，家长在日常生活中还要注意自己的情绪，不能让自己的情绪影响到孩子。有道是："父母是孩子的第一任老师。"在生活中孩子首先模仿的就是父母。如果父母无法控制自己的情绪，孩子也就会有样学样，无法控制自己的情绪。

另外，在孩子情绪不稳的时候，家长更要控制好自己的情绪，否则只能是火上浇油，让孩子的情绪更加糟糕。

情绪控制是每个人都应该掌握的能力。在孩子成长的过程中，更应该着重培养这个能力。因为孩子无法控制自己的情绪，就会产生出一系列深远的影响，最直接的就是会影响孩子的性情，进而会影响他的人际交往能力、适应力等等，最终影响到孩子的一生。而且，孩童时期能否有效控制自己的情绪很大程度上决定着这个孩子以后的成就。

4．玩游戏，能培养孩子的自控力

自控力是成功人士的必备品质之一。但是很多人却认为，自控力是成年人才有的品质，小孩子不需要什么自控力。其实不然，孩子虽然心智不够成熟，但是在成长的过程中，他们对世界的认知也在不断加深。同时，由于他们的神经系统发育不成熟，所以面对外界的诱惑、刺激容易出现情绪的波动。

现在很多孩子从一出生起就成了家庭的中心，家长对他们很溺爱。平日里，他们想要什么家长就给买什么，想要做什么家长就会陪着做什么，久而久之，孩子就会觉得什么事都是自己说了算。在这种环境下成长起来的孩子，大多比较自私，而且做事全凭自己的喜好，自我控制能力比较差。

另外，许多父母也没有做好榜样。孩子的模仿能力很强，而他们最直接的模仿对象就是家长。试问一下，当你同孩子交流的时候有没有表现出不耐烦？当你带着孩子外出游玩的时候有没有插队？当你遇到了困难的时候有没有表现出焦躁不安？父母在生活当中表现出来的种种情绪和行为都会对孩子产生深远的影响，如果父母的自控力欠佳，孩子的自控力也会受到影响。

孩子的认识能力毕竟有限，他们还不能很好地分清是非对错，所以当他们的要求不被满足的时候就会有冲动、控制力差的表现，这是很正常的现象。随着年龄的增长，孩子会越来越懂得控制自己的情绪。

虽然孩子自控力不强是正常现象，但是如果孩子经常有冲动、控制力差的表现就应引起家长的注意了。比如有的孩子会经常出现抢夺其他孩子玩具的行为，这就是一个孩子自制力差的表现。心理学家和教育学家认为，孩子的这些自控力差的表现，通过有针对性的训练可以改善。

需要注意的是，对于孩子自控力的培养，并不是指要严格管教孩子，给孩子制定各种各样的规则，必须让他们在规则范围内做事，不允许有任何越轨的行为。要知道，用这种方法培养出来的孩子会刻板、保守、不懂得变通，也不会有大的成就。

心理学家研究发现，培养孩子的自控力有很多方式，玩游戏也可以培养孩子的自我控制能力。当然，并不是所有游戏都能培养孩子的自控力，下面介绍几种可以培养孩子自控力的游戏。

娱乐类游戏：这种游戏通过设定一定的情景，让孩子在规定的情景内游戏。这类游戏既可以让孩子享受到游戏的乐趣，也可以培养孩子遵守规则的习惯，亦可以让孩子学会控制自己的情绪。比如捉迷藏、老鹰捉小鸡等游戏。对孩子来说，他们比较容易控制自己的动作，但是对感情和情绪则比较难控制。这类游戏可以通过让孩子控制自己的动作，来学习控制自己的情绪。

运动类游戏：孩子一般比较容易控制自己的动作。这类游戏带有竞赛性质，能够让孩子在跑、跳、走、爬等运动中提升控制自己动作的能力。

智力类游戏：这类游戏比较侧重于智力方面的训练，比如逻辑推理类的游戏、注意力训练类游戏等等。通过这些游戏可以训练孩子集中注意力，也可以让孩子学会理性对待困难。这样，孩子在遇到难题的时候情绪就不会过于激动，也就不会在被拒绝之后撒泼要赖。

操作类游戏：这类游戏的重点在动手，通过操作类游戏可以让孩子的手部动作更加灵活。这类游戏中最常见的是拼图游戏。在做这类游戏的时候，孩子的注意力会集中在手部动作和材料上，这样孩子的自控能力就能得到很好的锻炼了。

需要注意的是，在培养孩子的自控力时，应根据孩子的性格特点选择适合孩子的游戏。总之，在游戏中锻炼孩子的自觉性、意志力等品质，十分有助于培养孩子的自控力。

5. 延迟满足：神奇的"糖果效应"训练

日常生活当中经常能见到这样的情形，一些孩子的要求若没有被立即满足，就会大吵大闹，即便被告知稍后满足他们的要求，他们还是不依不饶；而有的孩子即使要求没有被满足，他们的表现还是很乖，有时为了得到更大的满足，他们甚至会放弃当前的要求。这两类孩子的表现之所以会有如此大的差异，是因为他们的自控力存在着很大差异。

生活当中确实有太多的孩子总希望需求马上得到满足，他们没有一点忍耐力。孩子出现这样的行为和家长的溺爱分不开，由于家长的溺爱，孩子往往会变得暴躁、自私、没有忍耐力。

小晨今年五岁，在家里就像是一个小皇帝，他的所有要求都必须立即得到满足，否则就会大吵大闹，一家人都被搅得不得安宁。

这天，小晨的妈妈带着小晨去同事家做客。在同事家，同事的儿子冬冬拿出自己的玩具和小晨一起玩，两个孩子玩得不亦乐乎，两位妈妈则在客厅聊天。可是没多久，两个孩子就在房间里吵了起来，两位妈妈连忙赶过去，她们看到小晨和冬冬在抢一辆小汽车。小晨妈妈看着闹得不可开交的两个孩子，对小晨说："晨晨，把小汽车还给弟弟，你玩这个木偶。"

小晨看都没看妈妈手里的玩具就说："不要，我就要玩小汽车。"说着还推了冬冬一把，冬冬哇的一声哭了起来。

小晨妈妈这时有些着急了，对小晨说："晨晨，你是哥哥，为什么不让着弟弟，你要是再不听话，以后就不带你出来了。"

听到妈妈这么说，小晨也放声大哭起来，一边哭一边在地上打滚："我就要小汽车，妈妈坏，妈妈坏……"

看着不听话的儿子，小晨妈妈很是尴尬，说道："晨晨听话，妈妈以后买一辆新的给你，这个是弟弟的，给弟弟玩，好吗？"

小晨依然不依不饶，大喊："我不要新的，我就要这个。"

看着如此不听话的儿子，小晨的妈妈才意识到问题的严重性。

其实，生活中像小晨这样的孩子有很多，他们希望自己的需要立即得到满足，不能有丝毫的延迟。这样的孩子往往只注重眼前的利益，而看不到长远的目标。且这类孩子大多性情急躁，做事不考虑后果，做什么事都想立竿见影，有些急功近利。

要想让孩子健康成长，做家长的就要注重培养孩子的自控力。因为，孩子只有有了自控力，才能控制、调节自己的情绪、行为，才能抵制诱惑，也才会为了实现目标而坚持不懈地努力下去。

著名的"糖果效应"实验就验证了延迟满足对培养孩子自控力的重要性。这个实验告诉我们，一个人要想取得成就，就必须具备抵御诱惑、控制冲动的能力，这种能力可以通过后天培养来获得。延迟满足是锻炼孩子自制力的一种十分有效的方法。

延迟满足不是让孩子无休止地等待，也不是要压制孩子的欲望、需求，而是让孩子学会克制、忍耐，能够为了长远的利益而放弃眼前的利益。延迟满足能够让孩子学会做自己情绪的主人，在面对外界的诱惑、压力时，可以很好地控制情绪及行为，不至于因为压力而失控，也不至于因为诱惑而迷失自我。

第十五章

培养责任感，让孩子学会为自己的选择买单

1. 你的孩子敢于承担责任吗

责任心是孩子未来安身立命的基础，一个没有责任心，遇到事情只想推诿、逃脱，而不能勇敢承担责任的孩子，未来很难胜任自己的工作，也难以在职场和事业上获得成功。但不少经济条件优越的父母，一味担心孩子吃苦受累，物质上尽量满足孩子需要，尽其所能为孩子做一切事情，担一切责任，却忽视了培养孩子责任心的重要性。

碰倒了水杯，水洒了一桌子，浸湿了课本、作业都无动于衷，等着别人来收拾；明明自己不小心打碎了花瓶，宁愿撒谎说是老鼠干的，也坚决不承认是自己做的；在学校里与同学发生争执，把同学打伤了，结果不想着如何处理问题，反倒逃回家，说什么也不去学校了……

在现实生活当中，不同年龄段的孩子缺乏责任心的表现也不尽相同，总的来说，年龄越大，缺乏责任心的表现就会越触目惊心。发生交通事故后只顾逃逸的肇事人，最后不得不面临更严峻的惩罚；欠债后跑路的人必然要面临法律的审判。逃避永远不能解决问题，教会孩子面对一切，勇敢承担责任，才能让孩子在遇到突发状况时，做出最客观、理性的选择，从而避免因逃避而造成的更严重的后果。

"责任并不是一种由外部强加在人身上的义务，而是我需要对我所关心的事件做出反应。"正如美国心理学家弗洛姆所说，父母要引导孩子正确认识责任。试想，如果孩子对周围的一切都表现出一种消极的逃避态度，这将是一件多么可怕的事情。不承担责任的背后，意味着孩子内心对什么都不在意，什么都可以舍弃，这样的孩子未来必然是孤独的，毕竟谁愿意和一个事事推诿的人交往呢？

如果你不想让自己的孩子成为孤家寡人，如果你希望孩子对周遭的一切充满关心，如果你渴望孩子成长为一个顶天立地、敢作敢当的人，那么，从现在开始，请用心培养孩子的责任心和担当意识。

（1）父母要有责任、有担当

"我要儿子自立立人，我自己就得自立立人。我要儿子自助助人，我自己就得自助助人。"陶行知说，父母是孩子最好的行为表率，要想让孩子讲责任、有担当，那么，我们父母的就要塑造这样的形象，准时上班，做好自己的工作，承担为人子女、为人父母的责任，照顾好家中的老人、孩子。父母有责任、有担当，这种言传身教的力量会潜移默化地让孩子也成为一个勇于担当的人。

（2）鼓励孩子承担责任

有些父母对孩子太过严厉，孩子一旦犯错就要面对异常严厉的惩罚，其实，这样的教育方式反而不利于培养孩子的责任心，孩子很可能会因为畏惧即将到来的惩罚，而选择隐瞒或者撒谎。我们要鼓励孩子承担责任，当他们坦诚地承认自己的错误时，千万不能训斥孩子，而是应当心平气和地原谅孩子，并夸奖孩子敢作敢当的行为。此外，随着孩子长大，他们会自主自发地承担自己的责任，比如自己穿衣吃饭、收拾书包、帮助父母打扫卫生等，这时候父母千万不要强行制止孩子，否则很可能会将孩子勇担责任的苗头扼杀在摇篮之中。

（3）让孩子自己承担责任

孩子走路时摔倒了，不少父母会这样安慰道："都怨地面不平，是不是把宝贝摔疼了，来我踩踩地你就不痛了。"孩子在成长的过程中，难免会遇到各种各样的情况，当孩子由于疏忽或者其他原因出现状况时，父母千万不要为孩子"脱罪"、无条件"善后"，应当让孩子自己去承担责任。比如孩子把家里的相机摔坏了，父母要进行惩戒，如要求孩子用自己的零花钱把相机修好，父母提供维修资金让孩子拿相机去修理，等等。给孩子"善后"不是爱孩子，反而会让孩子失去承担责任的机会，成为一个没有担当的人，父母一定要注意这一点。

2. 懂得感恩的孩子更有责任感

想要拥有一个美丽的生活，需要从学会感恩开始。"谁言寸草心，报得三春晖"，"滴水之恩，当涌泉相报"，都在提醒人懂得感恩。

感恩是中华民族的传统美德。但现在许多孩子似乎对于感恩有点陌生，他们不仅不知道为什么要感恩，也不知道该如何去感恩。面对这种现象，我们需要去深思。

学会感恩对于孩子的成长至关重要。如果缺乏感恩的思想，就会变得冷漠和自私，现在许多孩子都认为家长照顾自己是天经地义的。他们根本不懂得感恩父母，也不懂得体会父母的艰辛与付出。

不懂得感恩的人，会给人一种冷漠和残酷的感觉，这样的人是不能在这个社会中生存的。我们要从小就培养孩子学会感恩，学会感知这个世界的美好，在享受的同时也要学会付出。

那么到底什么是感恩呢？感恩的意义又是什么呢？感恩就是对自己的现状满意，对别人的付出拥有感激之情。当你接受了别人的帮忙、别人的礼物时，应该及时地表达自己的感激之情。

在一所学校，一位老师做了一个关于感恩题材的实验，布置了一道课后题，是让学生为自己的父母洗一次脚。结果，大多数学生对此都表示不理解，甚至有的学生认为这根本不是自己应该做的事情，他们认为当下自己的任务就是学习。

由此可见，现代社会中孩子对于感恩的理解是如此浅薄，是如此不能体会父母的良苦用心。

那么，该如何培养孩子的感恩之心呢？

我们先要让孩子明白感恩的内涵，然后通过自己的感知，用自己的方式去表达心中的感谢和感激。

父母的行为就是孩子做事情的一面镜子，家庭教育对于孩子形成感恩的品质具有至关重要的作用。让孩子学会感恩，首先要从父母的教育开始，在孩子小时候就要对孩子进行感恩教育。其中，具体的措施如下：

（1）父母做好榜样作用，用自己爱长辈的行为去感染孩子

言传身教是最好的教育。现在父母的生活压力日益增大，工作烦琐，让人有种喘不过气来的感觉。但是无论父母平时的工作有多忙，即使在自己非常累的情况下，都要记得孝顺家里面的老人。因为，父母对长辈的言行举止，孩子都看在眼里，并且随着时间的变化，这种行为会慢慢地浸透到孩子的心中。

小华父母在这方面就做得非常好。在对待老人的态度上，小华的父母经常使用"请""谢谢""对不起"的语言，在这样的氛围下，小华也渐渐形成了对长辈该有的尊重态度，对于家中长辈的付出，小华在举手投足间都表示着感谢，并且以自己的方式去回报长辈对于自己的爱。

（2）为孩子讲解感恩的含义与意义

父母除了在生活中用自己的举止来影响孩子、感染孩子，也需要对孩子进行正面的引导和教育。教育孩子在人际交往中，要学会帮助别人，并且对于曾经帮助过自己的人表示感谢。父母要提醒孩子只有这样，才能够缩短人与人之间的距离，才能够建立起真正的友谊。

例如，可以与孩子共同阅读有关感恩题材的文章，共同辨别、分析文章中的感恩行为，增加对于感恩的理解；可以观看与感恩有关的电视剧，让孩子在观看的过程中，学会理解，学会体验感恩的真正意义。

（3）培养孩子的责任感和荣誉感

由于每个年龄阶段的孩子性格特点是不同的，父母要根据孩子所处的不同年龄阶段，有意识地培养孩子爱劳动的意识，让他们知道自己有责任和义务为家庭做出属于自己的一份贡献。这样他们才能体会到父母的不容易，才能够学会感恩。

在增加孩子家庭责任感的同时，父母要为孩子创造参与社区服务的机会，让孩子在参加公益性活动中感受到助人的快乐，体会到自己付出的快乐，从而增强自信心，相信自己有能力为这个社会做一点事情。

除此之外，父母也要让孩子明白那份真心，那份真意，要学会珍惜别人

的付出。这样才能够培养孩子的感恩之心。

3. 尊重他人隐私才能值得信赖

每个人心中都有小秘密，不想被他人知道，这就是隐私。尊重他人的隐私是尊重他人的表现之一，只有懂得尊重他人隐私的人，才能在人际交往中立于不败之地；相反，不懂得尊重他人隐私的人，终将在人际交往中一败涂地。社会是一个复杂而又多彩的舞台，人际关系是这个舞台上必不可少的角色。教孩子学会尊重他人的隐私，是每个家长的责任。

莉莉是爸爸妈妈的掌上明珠，从小生活在一个幸福的家庭里。莉莉的爸爸妈妈感情非常好，每天上班前、下班后都会拥抱一下。每当这个时候，莉莉总要跑过去，非要爸爸妈妈也抱自己一下。

有一天，爸爸妈妈下班之后，发现莉莉的眼睛哭得红红的，便问道："莉莉，你怎么了？"

莉莉见到爸爸妈妈之后，眼泪再也忍不住了，边哭边说："小华跟我吵架了，说再也不和我做朋友了。"

"为什么呀，你们不是很合得来吗？"妈妈问道。

莉莉委屈地说道："只是因为我把她哥哥是个聋哑人的事情告诉了青青。但是这也不能怪我呀，是青青主动问我的，我也不能说谎呀。"

妈妈听完之后，说道："莉莉，这就是你的不对了，小华的哥哥是个聋哑人这件事是小华的隐私，她不想让别人知道，你不应该在没有得到小华允许的情况下私自告诉他人。即便是青青主动问的，你也不应该说呀。"

"那我应该怎么办？青青也是我的好朋友呀。"莉莉擦干眼泪，问道。

"你可以直接告诉青青，你不方便透露。"妈妈接着说，"如果你有什么不想让别人知道的事情，小华悄悄地告诉了别人，你愿意吗？"

"不愿意。看来这件事情是我的错，我会向小华道歉的。"莉莉说道。

泄露他人的隐私是非常不礼貌的行为，会让原本关系很好的朋友反目，会给他人带来很大的精神伤害。在培养孩子懂文明讲礼貌的过程中，父母一定要教会孩子尊重他人的隐私。而尊重他人的隐私，建议从以下两个方面入手：

(1) 不泄露他人的隐私

如果别人把自己的隐私告诉了我们，并希望我们为其保守秘密，说明对方很信任我们。我们不能辜负对方的信任，要严格保守秘密，不泄露他人的隐私。这一点，首先父母自己要做到，然后再要求孩子做到。

很多时候，人们会把隐私告诉自己最信任的人。然而，当自己最信任的人将自己的隐私泄露出去时，两人的关系也就决裂了。没有任何人能够容忍最信任的人背叛自己。

(2) 不主动探听他人的隐私

每个人的心中都有很多秘密不想让他人知道。家长要告诉孩子，别人不想让我们知道的事情不要主动探听，这是很不礼貌的行为。人们常说："距离产生美。"原因就是有了距离，很多小毛病就看不到了。人的一生总会遇到很多尴尬的事情，而事后这些尴尬的事情有的会被当事人储存起来，作为自己的隐私，不愿被人提起。然而，总是有很多人偏偏对他人的隐私感兴趣，千方百计地探听。最后，常会因此而引发两人之间的矛盾，让关系走到无法弥补的地步。

作为父母，我们应告诫自己的孩子，不要探听他人的隐私，每个人都有保护隐私的权利，我们不能干涉他人应有的权利。

"己所不欲，勿施于人"，如果自己不愿隐私被泄露、被探听，那么首先就要做到尊重他人。出于对他人的尊重，我们更应该尊重对方的想法，保护对方的隐私权。

4．不找借口的孩子，更有责任心

儿子病了，病得很严重，一连输了好几天液才开始好转。父母觉得孩子的问题不大了，决定让孩子去幼儿园。"乐乐，今天我们去幼儿园了啊。"妈妈说道。

"可是，妈妈，我觉得病还没有好呢。"儿子说道。

看，一个年仅四岁的孩子已经开始学会找借口了。

孩子一个人玩耍，妈妈在孩子的身边忙碌着。忽然孩子没有站稳，摔了一跤，妈妈立即扶起了孩子，只听孩子哭着说："妈妈，你怎么没有扶好我呢？"

看，又是一个会找借口的孩子。

借口在人们的生活中几乎随处可见。孩子学习走路走不太稳总是摔倒，哭哭啼啼地向家长展示自己的痛苦。家长赶忙过来安慰，假装很愤怒："等着，不哭，一会儿姥爷就拿斧子把它劈了，谁叫它把我们孩子绊倒了。"孩子不哭了。

妈妈为了哄孩子开心，告诉孩子决定在"五一"放假时带孩子去海边玩，并承诺过两天给孩子买一只电动玩具船。孩子等啊等啊，到了"五一"，妈妈却说："时间太短了，咱们的计划取消了。"原来，找借口的不是只有孩子，家长也是会经常找借口的。

孩子总是能够在父母的言行中了解并学习，孩子的言行举止都深受家长的影响。家庭教育是孩子时时刻刻都在接受的教育，孩子会模仿家长，家长找借口，孩子也会学着找借口。言传身教讲的就是这个道理。很多时候，当家长还没有意识到自己的行为影响到了孩子时，对孩子的影响已经悄悄进行了很长时间。当孩子亲眼看到家长为了某些行为寻找借口时，孩子便已经学会了，所以，才会有那么多借口从孩子嘴里说出来。一旦一个人学会了为自己的错误寻找借口时，他便不会在第一时间承担自己的责任，而是首先想到要把责任推给别人。

鹏鹏和妈妈一起逛街。当进入一家药店时，鹏鹏用力关了一下门，玻璃门被震碎了。妈妈的反应真快，立即说道："你家这买的什么门呀，差点把我家孩子弄伤。"药店老板没有推卸责任："对不起呀，回头我修理一下，孩子没有受伤就行。"

"可不得好好修理一下，多危险呀！"鹏鹏妈妈说道。

"是的，我们会好好修的，开这种门时，就需要小心点，不要用太大力气。"店主说道。

实际上，这个小事故双方都有责任，鹏鹏也不是一点责任都没有，他用的力气太大了，一下子超过了玻璃门的承受极限，造成了门的破碎。家长应该叮嘱孩子，下次开这种玻璃门的时候稍稍小心一些，力度小一些，不然有可能会毁坏玻璃门，而且有可能伤害到自己。可是，鹏鹏的妈妈却将全部责任都推到了门的质量不够好上面。如此一来，儿子就没有责任了。孩子很单纯，妈妈这样说了，他就会这样认为，他会觉得自己没有做错什么，门坏了和自己一点关系也没有。而鹏鹏妈妈这样的行为非常不好。她作为家长，应当从小培养孩子的责任心，让孩子意识到需要对自己的行为负责任，不能找借口。那么，家长应该怎么做才能让孩子不再找借口，勇敢地承担自己的责任呢？

首先，父母不应找借口，要勇于承担责任。

事情对了就是对了，错了就是错了，不要推卸责任。做错了就认真地道歉并及时补救。这样孩子也会效仿父母的方式，不再推卸责任。

其次，教导孩子多找找自身的问题。

孩子做错事情之后，不要帮孩子推卸责任，而应引导孩子从自身找问题，让孩子吸取教训，从而改进自己的不足。

最后，表扬孩子勇于承担责任的做法。

两个孩子玩耍，不小心打碎了邻居家的花盆。其中一个孩子由于害怕立即转身逃跑了，而另外一个孩子不仅没有逃跑，还主动找到邻居承担了责任。妈妈知道后，责备孩子道："人家都知道逃跑，你怎么就不知道呢？"孩子有些迷惑："难道我做错了吗？"这个时候，家长应该观点明确，表明孩子没有做错事情，应当表扬孩子这种勇于承担责任的行为，不能因一时的得失而影响是非观，那样会得不偿失。

孩子将来要独立行走于社会中，勇于承担责任的气魄是孩子成功的关键。教育孩子成为光明磊落的人，就要培养孩子勇于承担责任的勇气，不为自己的错误寻找任何借口，承担后果、改正错误才是正道。

5. 不要替孩子的违规行为买单

在家庭教育中，家长会给孩子立一些规矩，不过成长中的孩子还无法完全按规矩行事，经常会出现违规的情况。如何处理孩子违规是一个很重要的教育问题，如果处理好了，孩子将会受益无穷；如果处理不好，孩子的成长将会受到很大影响。

不过，现在生活条件越来越好，家长难免会宠溺孩子。当孩子犯了错误时，他们不是想着如何帮助孩子认识错误、改正错误，而是想着如何帮助孩子掩盖错误，甚至帮助孩子推卸责任。

比如说，孩子玩完玩具之后不知道整理好玩具，家长就跟在孩子后面帮助整理玩具。家长这样做自己觉得是爱孩子，但是孩子的动手能力无疑被耽误了。对于孩子的错误，家长一定要让孩子意识到并及时改正，这样才是正确教育孩子的方法。而那些一味宠溺孩子的家长，只能让孩子在错误的道路上越走越远。所以，当孩子有了违规的行为后，要让他们为自己的错误买单。

秀秀是一个四岁的小女孩，她很喜欢喝牛奶。一天，秀秀趁妈妈不在身边的时候偷偷溜进厨房，踩着凳子打开冰箱，想拿一瓶牛奶。不过牛奶瓶子有些滑，秀秀没有抓住，瓶子掉到地上摔碎了。

听到声音的妈妈赶了过来，看着地上的一大摊牛奶，就想教训教训秀秀。不过看到秀秀不知所措的样子，妈妈又冷静了下来，对秀秀说："宝贝，你干了一件很了不起的事情，你看这摊牛奶像不像一只大公鸡。不过这只大公鸡没有尾巴，你要不要给它加上呢？"

秀秀见妈妈没有生气，也就不再紧张，点了点头，接过妈妈递过来的一块抹布，开始在牛奶上画了起来。玩了一会儿之后，妈妈对秀秀说："宝贝，你以后要是像今天这样制造了又脏又乱的场面，就要记得把它打扫干净。懂吗？"

玩得高兴的秀秀看妈妈没有责罚自己的意思，很愉快地点了点头，随后就和妈妈一起把地上的牛奶清扫干净了。

其实，孩子做错事、出现违规的行为很正常。家长这时候如果能采取得当的教育措施，不但能避免孩子以后犯类似的错误，而且还能维护孩子的自尊心。不过，在日常生活中，家长对孩子的宠溺却很严重，很多家长不懂得培养孩子的责任意识，当孩子犯错了就站在其前面，为其承担责任。父母这样做虽然本意是爱孩子，但从根本上来看却是在害孩子。因为孩子没有责任意识，不知道哪些事情不该做，也不知道哪些事情会造成严重的后果。

前段时间看过一则新闻，说的是一个七岁的孩子在一家汽车 4S 店，用一把废钥匙刮花了八辆汽车，给 4S 店造成了重大损失。

随后，4S 店报了警，并通过店内的监控找到了肇事者。最后，通过警方的调解，孩子的家长赔了这家 4S 店十几万元。

后来记者通过采访了解到，这个小男孩是家里唯一的孩子，他的父母也是独生子女，两家的老人都特别疼这个孩子。当孩子犯了错误，父母要批评孩子的时候，四个老人就会站出来保护他。就这样，这个孩子从来都不知道什么事情应该做、什么事情不应该做，也不知道自己做的一些事情会给别人带来困扰。

有时，这个孩子犯了错误，他的家长就会站出来帮其处理、解决问题，所以他完全不知道责任意味着什么。正因如此，才有了这次 4S 店的划车事件。

当孩子犯了错误，家长不要急着去帮孩子承担责任，应该尽可能地让孩子自己去承担，让孩子自己去对错误进行补救，这样孩子以后才会知道什么该做什么不该做。让孩子自己承担责任，也是让他们为自己犯的错误付出一些"代价"，这样可以促使他们改正错误，避免以后再犯相似的错误。

6. 相信孩子能兑现自己的诺言

情节一：

"悠悠，到时间了。"妈妈提醒道。

"妈妈，我再看一会儿，就一会儿。"悠悠哀求道。

"悠悠要讲信用呀，咱们之前说好的，就看一集的。你忘了妈妈给你讲的话了。看电视时间长了会伤害眼睛。"妈妈耐心地说道。

"好妈妈，我再看五分钟，我把这个故事看完就可以了。"悠悠说道。

妈妈答应了。五分钟后，悠悠尽管有些不情愿，但还是关上了电视机。

情节二：

"悠悠要吃蔬菜呀，我们不是讲好了吗，不挑食了。"妈妈说道。

"妈妈我不想吃了，不饿了。"悠悠说道，显然是因为不愿吃蔬菜。

"这样吧，悠悠，妈妈帮你把蔬菜切碎点，你就更容易吃了，好不好？"妈妈问道。

尽管还是不太感兴趣，悠悠勉强答应了。就这样，悠悠多多少少吃了一点蔬菜。

情节三：

"妈妈，我保证以后再也不要玩具了。"悠悠说道。

妈妈刚想说："你的话还能信嘛。"话到嘴边，又咽下去了。只听妈妈说道："好的，妈妈相信你一定会信守承诺的。"

生活中，大多数孩子都不会遵守承诺。他们今天承诺的事情，可能明天就忘记了，可即便如此，孩子的父母仍要努力培养孩子守信的习惯。

孩子之所以说到做不到，是因为他们还没有意识到诚信的重要性，还没有培养起强烈的责任心。他们还不能将诚信和责任与人格联系起来。他们想不了这么复杂的事情。随着孩子的成长，这些能力会渐渐培养起来。在这个过程中，父母必须给孩子鼓励和正向引导，不能做负面暗示，如：你不讲信用、说话不算数、你的话不可信、你爱骗人等等，这些语言绝对不能对孩子说。因为，说的次数多了，孩子也会这样给自己定义。如此一来，原本不是什么大问题，倒真成了大问题。

那么，父母在相信孩子能够兑现承诺的方面需要注意哪些呢？

（1）在孩子做出承诺时，立即表示相信孩子

正如故事中的妈妈，在孩子做出承诺时，立即表示出对孩子能够兑现承诺的信任。这种信任有助于培养孩子的诚信，提高孩子的责任心。试想，如

果孩子做出承诺，父母表示不信任，那将是什么样的情景呢？孩子的自尊心、自信心都受到很大的打击，从而对自己是否有能力兑现承诺表示怀疑，这样的结局一定不是我们想看到的。

（2）在孩子兑现承诺的过程中，要支持孩子

孩子终究是孩子，肯付出行动兑现承诺，这本身就是好的表现。不要对孩子要求过高，这会打击孩子的积极性。当孩子遇到困难时，父母要适度伸出援助之手，帮帮孩子，给孩子一个较为轻松的开端，给孩子足够的勇气和信心，之后再循序渐进。

（3）当孩子违背承诺时，要耐心引导

孩子可能会经常违背承诺，对此父母要耐心引导，不能放任不管。任何能力和品质的培养都是需要时间和过程的，孩子的诚信培养也是如此，只有从小加以正确的引导，才能帮助他们逐渐养成兑现承诺的习惯。如果放任孩子说话不算话的行为，久而久之，孩子就永远也不知诚信的真正意义。

在父母引导孩子兑现承诺的过程中，不要以打击、逼迫、威胁的形式引导孩子，而应多采用鼓励的形式。让孩子感受到父母的信任，才是对孩子最好的鼓励和引导方式。